中国气象局气象探测中心地面气象观测自动化系列丛书

# 地面气象智能观测
# 数据对象字典

中国气象局气象探测中心　编著

气象出版社
China Meteorological Press

# 内容简介

　　《地面气象智能观测数据对象字典》是气象数据在设备端传输和存储的规范,是进行设备入网和信息管理的基础。以新阶段气象观测业务智能化、标准化、信息化、无线化为目的,在原有各类通信协议标准基础上,按照灵活、简洁、规范、易扩展等原则建立的气象观测编码规则。本书共分6章,其内容主要包括:(1)智能测量仪向上位机发送信息的数据格式协议的数据帧,根据发送信息主体的内容分为观测数据帧、状态数据帧和元数据帧;(2)智能测量仪与上位机之间命令交互协议,实现参数传递、设置和功能控制的命令帧。

　　本书适合地面气象观测业务人员和各级技术保障人员使用,也可作为地面综合气象观测业务技术培训和教学的参考书。

## 图书在版编目(CIP)数据

地面气象智能观测数据对象字典 / 中国气象局气象
探测中心编著. -- 北京 : 气象出版社,2024. 9.
ISBN 978-7-5029-8307-9

Ⅰ．P412.1-39

中国国家版本馆 CIP 数据核字第 2024BM4950 号

**地面气象智能观测数据对象字典**
DIMIAN QIXIANG ZHINENG GUANCE SHUJU DUIXIANG ZIDIAN

| | | | | |
|---|---|---|---|---|
| **出版发行**:气象出版社 | | | | |
| **地　　址**:北京市海淀区中关村南大街 46 号 | | **邮政编码**:100081 | | |
| **电　　话**:010-68407112(总编室)　010-68408042(发行部) | | | | |
| **网　　址**:http://www.qxcbs.com | | **E-mail**:qxcbs@cma.gov.cn | | |
| **责任编辑**:刘瑞婷　张锐锐 | | **终　　审**:张　斌 | | |
| **责任校对**:张硕杰 | | **责任技编**:赵相宁 | | |
| **封面设计**:地大彩印设计中心 | | | | |
| **印　　刷**:三河市君旺印务有限公司 | | | | |
| **开　　本**:787 mm×1092 mm　1/16 | | **印　　张**:4.75 | | |
| **字　　数**:122 千字 | | | | |
| **版　　次**:2024 年 9 月第 1 版 | | **印　　次**:2024 年 9 月第 1 次印刷 | | |
| **定　　价**:49.00 元 | | | | |

本书如存在文字不清、漏印以及缺页、倒页、脱页等,请与本社发行部联系调换。

# 编写委员会

编　委：宏　观　雷　勇　张　明

# 编　写　组

主　　编：陈冬冬
编　者：第1章　张　明　张振鲁　郭　伟　梁　丽
　　　　第2章　陈冬冬　施海瑞　左艳洁　李　楠
　　　　第3章　陈冬冬　姚　旭　蔡胜江　王彦朝
　　　　第4章　张素娟　邹庆彪　徐敬争　谭　晗
　　　　第5章　吴忠振　金佳宁　孙雨婷　龚　娜
　　　　第6章　幺伦韬　吴建宾　李觐卿　刘　阳

# 前　言

　　《气象高质量发展纲要（2022—2035 年）》（国发〔2022〕11 号）明确到 2025 年，气象关键核心技术实现自主可控，监测精密、预报精准、服务精细的能力不断提升，气象现代化迈上新台阶。到 2035 年，气象关键科技领域实现重大突破，气象监测、预报和服务全球领先，以智慧气象为主要特征的气象现代化基本实现。《全国气象现代化发展纲要（2015—2030 年）》（气发〔2015〕59 号）中，把基本实现观测智能、预报精准、服务高效、科技先进、管理科学的智慧气象作为发展目标。为满足上述目标，实现观测智能就成为气象观测未来发展的一个重大命题和任务。而建立一个适用于智能观测的，具备更丰富观测信息、状态信息和元数据信息，且易扩展、标准化的数据规范，则是观测智能化的基础。

　　2015 年，中国气象局气象探测中心根据地面气象观测业务发展需要修订了《地面气象数据对象字典》，但随着近年来自动观测设备逐步增多，原有数据字典编码原则在观测类型扩展和规范性上还需进一步完善。同时，随着气象应用部门对台站环境数据、设备出厂信息、维护信息以及状态数据需求的与日俱增，也需要对数据字典相应内容进行扩充。

　　《地面气象智能观测数据对象字典》（简称"字典"）是中国气象局气象探测中心以智能观测为目标，结合现有地面气象观测自动化程度，吸收信息化背景下行业发展动态，在观测信息上扩展设备状态信息、观测元数据信息等，同时在要素编码上考虑 WMO（世界气象组织）气象交换资料编码特点，从规范设备管理和满足信息应用角度出发，对观测智能化背景下观测设备数据传输对象进行规范和定义。字典扩展的状态数据和观测元数据信息使观测设备监控及气象信息处理更为准确，字典编码的分类管理、要素驱动、规则可读等改进使要素分类和内容扩展更为清晰，序列编码的设计使传输内容更为简洁，也使数据压缩更为高效。此外，字典为适应智能设备自处理、自检测、自诊断、自恢复以及远程升级等功能，还补充规范了大量交互命令参数，这都有助于进一步提升观测智能化水平。

《地面气象智能观测数据对象字典》的制定满足气象云、大数据、物联网、智能化等信息化背景下智能观测业务发展，能够为地面气象观测智能化数据传输标准进行规范和升级，也可为其他类气象数据对象字典编制提供样本。

作者
2024 年 7 月

# 目　录

前言

**第1章　概述** ································································ （1）

1.1　编写原则 ································································ （3）
1.2　涵盖内容 ································································ （3）
1.3　字典特点 ································································ （3）

**第2章　数据帧** ···························································· （5）

2.1　数据帧头 ································································ （7）
2.2　数据主体 ································································ （7）
2.3　数据帧尾 ································································ （13）

**第3章　观测数据主体** ···················································· （15）

3.1　观测数据编码规则 ························································ （17）
3.2　地面观测业务编码 ························································ （20）
3.3　观测要素值 ······························································ （42）
3.4　观测要素质控码 ·························································· （42）
3.5　设备自检标识及设备自检码 ················································ （43）
3.6　观测数据帧示例 ·························································· （43）

**第4章　状态数据主体** ···················································· （47）

4.1　状态要素编码 ···························································· （49）
4.2　状态数据帧示例 ·························································· （55）

**第5章　元数据主体** ······················································ （57）

5.1　元数据编码 ······························································ （59）
5.2　元数据帧示例 ···························································· （61）

1

**第 6 章　命令帧** ·································································· （63）

6.1　命令帧头 ······································································ （65）

6.2　命令主体 ······································································ （65）

6.3　命令帧尾 ······································································ （67）

**参考文献** ············································································· （68）

# 第 1 章

# 概述

数据字典是气象数据在设备端传输和存储的规范,也是实现设备入网和信息管理的重要依据。《地面气象智能观测数据对象字典》吸收全球气象交换资料集的要素分类和要素扩展方式,参考气象行业观测设备分类和元数据管理等行业标准,并结合现有地面气象观测业务改革内容,从规范观测设备管理和信息应用角度,对智能观测背景下地面气象观测业务数据传输标准进行规范和升级。

## 1.1　编写原则

规则系统性。编码规则应兼顾设备当前和未来需求,同时考虑观测系统发展,使编码不仅能够对观测设备进行规范,同时数据应用也能适应后端业务标准。

编码唯一性。每种要素编码设计应唯一,同时应考虑其可读性、实现友好性、编写内容可扩展性。编码应体现科学化、标准化、规范化和合理化,应能根据编码规则对新增内容进行扩展。

操作高效性。编码时应系统考虑在软件实现和数据传输过程的操作性,使编码规则能够在应用过程更加高效便捷。

内容全面性。在设计编码分类和规则时应充分考虑智慧气象发展,设计内容应先进全面,能满足现在和未来一段时间智能站发展需要。

## 1.2　涵盖内容

本字典规定了地面气象智能观测系统中信息交互协议,包括智能测量仪向上位机发送信息的数据协议,即数据帧,以及智能测量仪与上位机之间命令交互协议,即命令帧的内容。

数据帧根据其发送信息主体的内容又区分为观测数据帧、状态数据帧和元数据帧。

## 1.3　字典特点

本版数据字典设计以新阶段气象观测业务智能化、标准化、信息化、无线化为目标,在原有各类通信协议标准基础上,按照灵活、简洁、规范、易扩展等原则建立了气象观测编码规则,本版数据字典具有以下特点:

(1)观测信息增容

在观测数据帧基础上扩展状态数据帧和元数据帧,增加与设备全生命周期管理有关的设备参数信息、维护信息、状态信息等,增加与观测数据有关的台站环境信息、管理信息、维护信息等,使上传数据信息更加全面,用户对观测资料使用更为准确,也更能适应智慧气象观测需要。

(2)数据分类管理

结合不同类型数据帧属性,分别对观测数据帧、状态数据帧和元数据帧的存储内容、数据格式、传输频次等进行设计和定义，避免编码交叉，同时数据应用更为灵活，可有效减少传输过程的信息冗余。

（3）编码要素驱动

编码设计以直接观测要素为基础，建立以要素为核心的编码表，同时编码规则区分观测量与统计量，补充统计算法规则，以适应数据传输标准化、集约化需求，可为智能观测条件下业务优化奠定基础。

（4）编码可扩展

字典在编码设计时吸收世界气象组织推荐的气象资料交换通用编码规则，沿用原有数据字典部分规则，参考地面气象观测资料 BUFR 格式，使编码更具科学性、可读性和可扩展性。此外本字典还对编码表中各类要素的数据来源、用途以及计算方法等进行说明，方便业务人员理解和应用。

（5）传输内容简化

通过对数据进行元数据、观测数据、状态数据的分类和传输，简化单次传输内容。通过对一起出现的观测要素增加序列编码来简化数据帧长度，减少业务传输冗余。同时参照现有业务规范编码扩展规则，删减无关业务内容编码，使字典内容精简优化。

（6）强化智慧交互

为适应观测智能化发展，增加设备终端控制部分的交互方式和交互命令集，同时规范命令表述内容。完善后的终端控制部分可使观测设备运行更为高效可控，数据传输更为主动智能，同时命令使用也更为简单规范，能有效推动设备智能化升级。

第 2 章

数据帧

数据帧规范了智能测量仪向上位机发送信息的数据格式协议,由数据帧头、数据主体、数据帧尾组成。

## 2.1　数据帧头

数据帧头表明一个独立的数据帧开始,用"＄"或"♯"表示。

"＄"表明该帧信息由下位机上传至上位机,如智能测量仪上传数据至智能集成处理器,或由智能集成处理器上传数据至云端服务器。

"♯"表明该帧信息由上位机下达至下位机,如由智能集成处理器下达命令至智能测量仪,或由云端服务器下达命令至智能集成处理器。

## 2.2　数据主体

数据主体是数据帧传输的主要信息部分,根据数据主体传输内容又分为观测数据主体、状态数据主体和元数据主体。不同数据主体介绍见表 2.1。

表 2.1　数据主体简介

| 数据主体 | 内容 | 组成 | 传输频次 |
|---|---|---|---|
| 观测数据主体 | 描述气象观测各类要素数据 | 观测数据、数据质控码、设备综合状态码 | 1. 默认每分钟主动上传;<br>2. 传输频次可设置;<br>3. 支持命令调取 |
| 状态数据主体 | 描述开展气象观测的自动设备 | 设备状态码、设备状态数据 | 1. 默认每分钟主动上传;<br>2. 传输频次可设置;<br>3. 支持命令调取 |
| 元数据主体 | 描述气象观测要素、观测条件、观测方法和数据处理方式等信息的数据 | 元数据 | 1. 默认测量仪上电通信连接建立后主动上传一次;<br>2. 支持命令调取 |

数据主体内容详见表 2.2,由指示段、数据段、校验码段和结束段四部分组成。

表 2.2　数据主体内容说明

| 数据字段 | 内容 | 值 | 说明 |
|---|---|---|---|
| 指示段 | 字典标识 | DATADICK | 数据字典(data dictionary)格式标识 |
| | 版本号 | V$yyyynn$ | V:version 缩写;<br>$yyyy$:版本发布年;<br>$nn$:本年度第几个版本(2 位) |
| | 区站号 | $nnnnn$ | 我国气象台站区站号。<br>$nnnnn$:5 位字符 |
| | 设备类型编码 | 表 2.3 | 区分不同观测设备。<br>定长,7 位字符 |

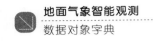
续表

| 数据字段 | 内容 | 值 | 说明 |
|---|---|---|---|
| 指示段 | 设备编号 | N*nn* | 区分同一观测要素的多个同类观测设备。<br>N：number 缩写；<br>*nn*：两位自然数，高位补 0 |
| | 数据类型 | OB/ST/ME | 区分数据段信息内容。<br>OB：表示后面的数据段为观测数据（observation data）；<br>ST：表示后面的数据段为状态数据（status data）；<br>ME：表示后面的数据段为元数据（metadata） |
| 数据段 | 时间 | *yyyymmddhhmmss* | 观测时间，采用北京时。<br>*yyyymmddhhmmss* 分别表示年月日时分秒 |
| | 要素编码 | 观测要素编码/<br>状态要素编码/<br>元数据编码 | 观测要素编码见表 2.3 及第 3 章；<br>状态要素编码见第 4 章；<br>元数据编码见第 5 章 |
| | 要素值<br>（及其质控码） | 见说明 | 要素编码对应的要素值。仅观测数据在其数值后跟质控码，质控码详见表 3.63 |
| | （状态标识） | z | 设备整体状态标识，观测数据段和状态数据段含该内容 |
| | （状态码） | 表 4.3 | 设备状态码，观测数据段和状态数据段含该内容 |
| 校验码段 | 校验值 | *nnnn* | 检验码，用于检验数据正确性。<br>对数据包从指示段 DATADICK 开始到数据段结束全部字符的 ASCII 码累加，包括分隔符'，'，累加值以 10 进制无符号编码，高位溢出，取低四位值 |
| 结束段 | 段结束值 | ED | 数据结束标识 |

注：上表中正体英文字母是编码时需要编写的内容，斜体是编码时需替换的内容，带（）是该部分只在部分情况出现。

数据段中要素编码详见表 2.3，该表是对我国当前地面气象观测业务中的观测类别、观测要素和主要设备进行分类和编码，其内容可随观测要素和观测方式变化而调整。

表 2.3　我国地面气象观测业务分类及编码

| 类别 | 类别编码<br>（4 位） | 观测要素 | 观测要素编码<br>（5 位） | 观测设备类型 | 设备类型编码<br>（7 位） |
|---|---|---|---|---|---|
| 气温观测 | TEMP<br>（Air Temperature） | 1.5 m 气温 | TEMPA | 铂电阻温度测量仪 | YTEMP00 |
| | | | | 强制通风气温测量仪 | YTEMP01 |
| | | 虚温 | TEMPB | 超声风测量仪 | YWIND01 |
| 地温观测 | STEM<br>（Soil Temperature） | — | — | 地温分采 | YSTEM00 |
| | | 草面（雪面）温度 | STEMA | 草面温度测量仪 | YSTEMA0 |
| | | 地表温度 | STEMB | 地表温度测量仪 | YSTEMB0 |
| | | | | 红外地表温度测量仪 | YSTEMB1 |
| | | 5 cm 浅层地温 | STEMC | 5 cm 地温测量仪 | YSTEMC0 |
| | | 10 cm 浅层地温 | STEMD | 10 cm 地温测量仪 | YSTEMD0 |
| | | 15 cm 浅层地温 | STEME | 15 cm 地温测量仪 | YSTEME0 |
| | | 20 cm 浅层地温 | STEMF | 20 cm 地温测量仪 | YSTEMF0 |

续表

| 类别 | 类别编码<br>（4 位） | 观测要素 | 观测要素编码<br>（5 位） | 观测设备类型 | 设备类型编码<br>（7 位） |
|---|---|---|---|---|---|
| 地温观测 | STEM<br>（Soil Temperature） | 40 cm 深层地温 | STEMG | 40 cm 地温测量仪 | YSTEMG0 |
| | | 80 cm 深层地温 | STEMH | 80 cm 地温测量仪 | YSTEMH0 |
| | | 160 cm 深层地温 | STEMI | 160 cm 地温测量仪 | YSTEMI0 |
| | | 320 cm 深层地温 | STEMJ | 320 cm 地温测量仪 | YSTEMJ0 |
| 气压观测 | PRES<br>（Atmospheric Pressure） | 本站气压 | PRESA | 气压测量仪 | YPRES00 |
| | | 海平面气压 | PRESB | — | — |
| 湿度观测 | HUMI（Humidity） | 1.5 m 相对湿度 | HUMIA | 湿度测量仪 | YHUMI00 |
| | | 露点温度 | HUMIB | — | — |
| | | 水汽压 | HUMIC | — | — |
| 风观测 | WIND（Wind） | — | — | 风分采 | YWIND00 |
| | | 瞬时风速 | WSPDA | 风速测量仪 | YWSPD00 |
| | | | | 超声风测量仪 | YWIND01 |
| | | 1 min 平均风速（10 m） | WSPDB | 风速测量仪 | YWSPD00 |
| | | | | 超声风测量仪 | YWIND01 |
| | | 2 min 平均风速（10 m） | WSPDC | 风速测量仪 | YWSPD00 |
| | | | | 超声风测量仪 | YWIND01 |
| | | 10 min 平均风速（10 m） | WSPDD | 风速测量仪 | YWSPD00 |
| | | | | 超声风测量仪 | YWIND01 |
| | | 1 min 极大风速（10 m） | WSPDE | 风速测量仪 | YWSPD00 |
| | | | | 超声风测量仪 | YWIND01 |
| | | 瞬时风向 | WDIRA | 风向测量仪 | YWDIR00 |
| | | | | 超声风测量仪 | YWIND01 |
| | | 1 min 平均风向（10 m） | WDIRB | 风向测量仪 | YWDIR00 |
| | | | | 超声风测量仪 | YWIND01 |
| | | 2 min 平均风向（10 m） | WDIRC | 风向测量仪 | YWDIR00 |
| | | | | 超声风测量仪 | YWIND01 |
| | | 10 min 平均风向（10 m） | WDIRD | 风向测量仪 | YWDIR00 |
| | | | | 超声风测量仪 | YWIND01 |
| | | 1 min 极大风速的风向<br>（10 m） | WDIRE | 风向测量仪 | YWDIR00 |
| | | | | 超声风测量仪 | YWIND01 |

| 类别 | 类别编码<br>（4 位） | 观测要素 | 观测要素编码<br>（5 位） | 观测设备类型 | 设备类型编码<br>（7 位） |
|---|---|---|---|---|---|
| 降水观测 | PREC（Precipitation） | 分钟降水量 | PRECA | 翻斗雨量测量仪<br>（0.1 mm） | YPREC00 |
| | | | | 翻斗雨量测量仪<br>（0.2 mm） | YPREC02 |
| | | | | 翻斗雨量测量仪<br>（0.5 mm） | YPREC03 |
| | | | | 称重降雨测量仪 | YPREC01 |
| 蒸发观测 | EVAP（Evaporation） | 蒸发水位 | EVAPA | 蒸发测量仪 | YEVAP00 |
| | | 小时累计蒸发量 | EVAPB | | |
| 辐射观测 | — | — | — | 辐射分采 | YRADI00 |
| | 直接辐射观测<br>SDRA<br>（Shortwave Direct<br>Solar Radiation） | 直射辐射辐照度 | SDRAA | 直射辐射表 | YSDRA00 |
| | | （整点至当前时刻）<br>直射辐射曝辐量 | SDRAB | | |
| | 散射辐射观测<br>SSRA<br>（Shortwave Diffuse<br>Sky Radiation） | 散射辐射辐照度 | SSRAA | 散射辐射表 | YSSRA00 |
| | | （整点至当前时刻）<br>散射辐射曝辐量 | SSRAB | | |
| | 总辐射观测<br>SGRA<br>（Shortwave Global<br>Radiation） | 总辐射辐照度 | SGRAA | 总辐射表 | YSGRA00 |
| | | | | 四分量净全辐射表 | YNERA00 |
| | | （整点至当前时刻）<br>总辐射曝辐量 | SGRAB | 总辐射表 | YSGRA00 |
| | | | | 四分量净全辐射表 | YNERA00 |
| | 反射辐射观测<br>SRRA<br>（Shortwave Reflected<br>Radiation） | 反射辐射辐照度 | SRRAA | 反射辐射表 | YSRRA00 |
| | | | | 四分量净全辐射表 | YNERA00 |
| | | （整点至当前时刻）<br>反射曝辐量 | SRRAB | 反射辐射表 | YSRRA00 |
| | | | | 四分量净全辐射表 | YNERA00 |
| | 大气长波辐射观测<br>LSRA<br>（Longwave Sky<br>Radiation） | 大气长波辐射辐照度 | LSRAA | 大气长波辐射表 | YLSRA00 |
| | | | | 四分量净全辐射表 | YNERA00 |
| | | （整点至当前时刻）<br>大气长波辐射曝辐量 | LSRAB | 大气长波辐射表 | YLSRA00 |
| | | | | 四分量净全辐射表 | YNERA00 |
| | 地球长波辐射观测<br>LERA<br>（Longwave Earth<br>Radiation） | 地球长波辐射辐照度 | LERAA | 地球长波辐射表 | YLERA00 |
| | | | | 四分量净全辐射表 | YNERA00 |
| | | （整点至当前时刻）<br>地球长波辐射曝辐量 | LERAB | 地球长波辐射表 | YLERA00 |
| | | | | 四分量净全辐射表 | YNERA00 |
| | 紫外辐射观测<br>UVRA<br>（Ultraviolet Radiation） | 紫外辐射（UVA）辐照度 | UVRAA | 紫外辐射（UVA）表 | YUVRAA0 |
| | | 紫外辐射（UVB）辐照度 | UVRAB | 紫外辐射（UVB）表 | YUVRAB0 |
| | | 紫外辐射（UVC）辐照度 | UVRAC | 紫外辐射（UVC）表 | YUVRAC0 |

续表

| 类别 | 类别编码<br>（4 位） | 观测要素 | 观测要素编码<br>（5 位） | 观测设备类型 | 设备类型编码<br>（7 位） |
|---|---|---|---|---|---|
| 辐射观测 | 紫外辐射观测<br>UVRA<br>（Ultraviolet Radiation） | 紫外辐射辐照度 | UVRAD | 紫外辐射表 | YUVRAD0 |
| | | （整点至当前时刻）<br>紫外辐射（UVA）曝辐量 | UVRAE | 紫外辐射（UVA）表 | YUVRAA0 |
| | | （整点至当前时刻）<br>紫外辐射（UVB）曝辐量 | UVRAF | 紫外辐射（UVB）表 | YUVRAB0 |
| | | （整点至当前时刻）<br>紫外辐射（UVC）曝辐量 | UVRAG | 紫外辐射（UVC）表 | YUVRAC0 |
| | | （整点至当前时刻）<br>紫外辐射曝辐量 | UVRAH | 紫外辐射表 | YUVRAD0 |
| | 光合有效辐射观测<br>ACRA<br>（Photosynthetically<br>Active Radiation） | 光合有效辐射辐照度 | ACRAA | 光合有效辐射表 | YACRA00 |
| | | （整点至当前时刻）<br>光合有效辐射曝辐量 | ACRAB | | |
| | 净全辐射<br>NERA（Net Radiation） | 净全辐射辐照度 | NERAA | 四分量净全辐射表 | YNERA00 |
| | | （整点至当前时刻）<br>净全辐射曝辐量 | NERAB | | |
| 日照观测 | SUND<br>（Sunshine Duration） | 分钟有无日照 | SUNDA | 自动日照计 | YSUND00 |
| | | | | 直接辐射表 | YSDRA00 |
| 云观测 | CLOD（Clouds） | 云底高 | CLODA | 全天空成像仪 | YCLOD00 |
| | | | | 激光测云仪 | YCLOD01 |
| | | 云顶高 | CLODB | | |
| | | 总云量 | CLODC | 全天空成像仪 | YCLOD00 |
| | | | | 视频天气现象仪<br>VIDO（VideoWeather） | YVIDO00 |
| | | 低云量 | CLODD | | |
| | | 可见光云量 | CLODE | 全天空成像仪 | YCLOD00 |
| | | 红外云量 | CLODF | 全天空成像仪 | YCLOD00 |
| | | 总云状 | CLODG | 全天空成像仪 | YCLOD00 |
| | | | | 视频天气现象仪<br>VIDO（VideoWeather） | YVIDO00 |
| | | 低云状 | CLODH | 全天空成像仪 | YCLOD00 |
| | | | | 视频天气现象仪<br>VIDO（VideoWeather） | YVIDO00 |
| | | 中云状 | CLODI | 全天空成像仪 | YCLOD00 |
| | | | | 视频天气现象仪<br>VIDO（VideoWeather） | YVIDO00 |
| | | 高云状 | CLODJ | 全天空成像仪 | YCLOD00 |
| | | | | 视频天气现象仪<br>VIDO（VideoWeather） | YVIDO00 |

| 类别 | 类别编码<br>（4位） | 观测要素 | 观测要素编码<br>（5位） | 观测设备类型 | 设备类型编码<br>（7位） |
|---|---|---|---|---|---|
| 能见度观测 | VISI(Visibility) | 1 min 能见度 | VISIA | 前向散射能见度仪 | YVISI00 |
| | | | | 透射能见度仪 | YVISI01 |
| | | 10 min 平均能见度 | VISIB | 前向散射能见度仪 | YVISI00 |
| | | | | 透射能见度仪 | YVISI01 |
| 天气现象观测 | WEAT(Weather) | 天气现象编码 | WEATA | 视频天气现象仪<br>VIDO(VideoWeather) | YVIDO00 |
| | | | | 降水天气现象<br>（雨滴谱）仪<br>RDSD(Raindrop<br>Size Distribution) | YRDSD00 |
| | | 雨滴谱 | RDSDA | 降水天气现象<br>（雨滴谱）仪<br>RDSD(Raindrop<br>Size Distribution) | YRDSD00 |
| | | $PM_1$ 颗粒物质量浓度 | PMPMA | 视程障碍天气现象<br>（颗粒物）仪<br>PMPM<br>(Particulate Matter) | YPMPM00 |
| | | $PM_{2.5}$ 颗粒物质量浓度 | PMPMB | | |
| | | $PM_{10}$ 颗粒物质量浓度 | PMPMC | | |
| | | 总悬浮颗粒物质量浓度 | PMPMD | | |
| | | 雷暴监测预警信息 | THUDA | 雷暴现象仪<br>THUD<br>(Thunderstorm) | YTHUD00 |
| | | 雷暴信息 | THUDB | | |
| | | 雷暴单体信息 | THUDC | | |
| 积雪观测 | SNOW<br>(Depth of Snow) | 积雪深度 | SNOWA | 雪深仪 | YSNOW00 |
| | | | | 视频天气现象仪 | YVIDO00 |
| | | 雪压 | SNOWB | | |
| 酸雨观测 | ACID(Acid Rain) | 初复测标识 | ACIDA | 酸雨测量仪 | YACID00 |
| | | 样品温度均值 | ACIDB | | |
| | | pH 值 | ACIDC | | |
| | | 电导率 | ACIDD | | |
| | | 感雨值 | ACIDE | | |
| | | 存储数据状态值 | ACIDF | | |
| 冻土观测 | FROS(Frozen Soil) | 冻土上下限值 | FROSA | 冻土测量仪 | YFROS00 |
| 土壤水分观测 | SMOI<br>(Soil Moisture) | — | | 土壤水分分采 | YSMOI00 |
| | | 0～10 cm 10 min 分钟平均土壤体积含水量 | SMOIA | 土壤水分测量仪 | YSMOIA0 |
| | | 10～20 cm 10 min 平均土壤体积含水量 | SMOIB | | YSMOIB0 |

| 类别 | 类别编码<br>（4 位） | 观测要素 | 观测要素编码<br>（5 位） | 观测设备类型 | 设备类型编码<br>（7 位） |
|---|---|---|---|---|---|
| 土壤水分观测 | SMOI<br>(Soil Moisture) | 20～30 cm 10 min 平均土壤体积含水量 | SMOIC | 土壤水分测量仪 | YSMOIC0 |
| | | 30～40 cm 10 min 平均土壤体积含水量 | SMOID | | YSMOID0 |
| | | 40～50 cm 10 min 平均土壤体积含水量 | SMOIE | | YSMOIE0 |
| | | 50～60 cm 10 min 平均土壤体积含水量 | SMOIF | | YSMOIF0 |
| | | 70～80 cm 10 min 平均土壤体积含水量 | SMOIG | | YSMOIG0 |
| | | 90～100 cm 10 min 平均土壤体积含水量 | SMOIH | | YSMOIH0 |
| 智能电源观测 | POWR | 开启状态 | POWRA | | YPOWR00 |
| | | 供电类型 | POWRB | | |
| | | 外接电源电压 | POWRC | | |
| | | 设备供电电压 | POWRD | | |
| | | 工作电流 | POWRE | | |
| | | 设备/主采主板温度 | POWRF | | |
| 观测时间 | TIME | 世界时 | TIMEA | — | — |
| | | 北京时 | TIMEB | — | — |
| | | 地方时 | TIMEC | — | — |

## 2.3 数据帧尾

数据帧尾表明数据帧的结束，用回车/换行符表示。

# 第 3 章

# 观测数据主体

观测数据主体是数据帧中气象观测资料的主要组成部分,包含传输的观测内容、观测值、设备端数据质控码以及设备自检状态等信息。

本部分包括观测数据编码规则、气象要素编码定义、观测数据传输规则、质控码以及设备自检标识、自检码等内容。

## 3.1 观测数据编码规则

观测要素编码综合考虑了我国地面气象观测业务及世界气象组织编写的《气象仪器与观测方法指南》的观测划分。遵循以下特点:(1)要素编码是识别输出要素值含义的唯一标识,编码需唯一。(2)要素编码结构需层次清楚,编码具有可扩展性。(3)观测要素编码各信息单元以半角逗号分隔。

观测要素编码按不同观测类别进行分类编码,并结合我国地面观测业务现状和发展需求,扩展直接观测要素编码及相关统计特征后缀。

观测类别编码规则。观测类别编码由四位大写英文字母组成,表示不同气象观测类别,我国地面气象观测现有观测类别分类和编码详见表2.3所示。

观测要素编码规则。观测要素编码由五位大写英文字母组成,表示同类观测下不同的气象要素变量,通常是直接观测量。编码由"观测类别编码(4位)+顺序排列的大写英文字母(1位)"组成,如地温观测中的草面温度、地表温度、5 cm 地温、10 cm 地温、15 cm 地温等,分别用 STEMA、STEMB、STEMC、STEMD、STEME 等表示。观测要素编码与使用何种观测方式无关,同一观测要素使用不同观测方式和观测设备的仍用同一编码,如降水观测中称重降水和翻斗降水;地温观测中的铂电阻地表温度和红外地表温度,天气现象观测中的视频天气现象仪和雨滴谱仪等。

采样数据编码规则。采样数据编码由"对应的观测要素编码(5位)+阿拉伯数字0"组成,如 1.5 m 气温、虚温的采样数据编码,分别用 TEMPA0、TEMPB0 表示。

设备类型编码规则。设备类型编码对观测设备进行区分和编码,用来在观测数据交互时确定其数据来源,由七位字符组成。由于观测设备与观测类别有关,这里定义设备类型编码为"Y+类别编码(4位)+自然数(2位,高位补零)"组成,如,铂电阻气温测量仪编码 YTEMP00、翻斗雨量计 YPREC00、称重降水测量仪 YPREC01。同一观测类别下的不同观测要素,如地温、辐射等,为保证设备类型编码位数不变,用"Y+观测要素编码(5位)+自然数(1位)"组成,如地温观测中的草面温度测量仪、地表温度测量仪、5cm 地温测量仪、10 cm 地温测量仪、15 cm 地温测量仪等,分别用 YSTEMA0、YSTEMB0、YSTEMC0、YSTEMD0、YSTEME0 等表示。

天气现象类别中的观测要素相对独立,对视频类天气现象、降水类天气现象、视程障碍类天气现象、雷暴类天气现象等仍按不同观测类别进行要素编码和设备编码,详见表2.3和第3章3.2.12中天气现象观测编码。

统计时段编码规则。统计时段编码由统计时段和统计方法组成,仅对由直接观测得到的统计量编码时使用,为区分直接观测量和统计观测量,这里用"观测要素编码+下划线+统计时段编码"来表示统计观测量(表3.1和表3.2)。

表 3.1　统计时段编码

| 统计时段编码 | 中文含义 | 英文含义 |
| --- | --- | --- |
| mm | 1 min 统计量 | Minutely Statistic |
| 5mm | 5 min 统计值 | 5 minute Statistic |
| hh | 1 h 统计量(指整点小时统计,如当前是 05:20,则表示 05 时的统计,即统计时段为 04:01—05:00) | Hourly Statistic |
| dd | 日统计量 | Daily Statistic |
| p0 | 00 分至当前(如当前是 05:20,即统计时段为 05:01—05:20) | 0 to Present Statistic |
| p1 | 过去 1 h 统计量(指当前时刻往前推一小时内,如当前时刻为 05:20,则统计时段为 04:21—05:20) | Past 1 hours Statistic |
| p3 | 过去 3 h 统计量 | Past 3 hours Statistic |
| p6 | 过去 6 h 统计量 | Past 6 hours Statistic |
| p9 | 过去 9 h 统计量 | Past 9 hours Statistic |
| p12 | 过去 12 h 统计量 | Past 12 hours Statistic |
| p24 | 过去 24 h 统计量 | Past 24 hours Statistic |

表 3.2　统计方法编码

| 统计量编码 | 中文含义 | 英文含义 |
| --- | --- | --- |
| max | 最大值 | Maximum Value |
| maxt | 最大值出现时间 | Time of Maximum Value |
| min | 最小值 | Minimum Value |
| mint | 最小值出现时间 | Time of Minimum Value |
| std | 标准偏差($N$) | Standard Deviation (N) |
| mean | 算术平均值(缺省值) | Mean Value |
| medi | 中值 | Median Value |
| tend | 变化量 | Tendency |
| accu | 累计量 | Accumulated Value |

以气温为例,举例说明观测要素统计量编码的原则,见表 3.3。实际气温观测要素统计量编码以表 3.4 为准。

表 3.3　统计段特征编码举例

| 要素编码 | 要素名称 |
| --- | --- |
| TEMPA_hhmax | 小时最高气温 |
| TEMPA_p0max | 00 分至当前最高气温 |

| 要素编码 | 要素名称 |
|---|---|
| TEMPA_p1max | 过去 1 h 最高气温,如 05:20 的 TEMPA_p1max 指 04:21—05:20 的最高气温 |
| TEMPA_p24max | 过去 24 h 最高气温 |
| TEMPA_ddmax | 日最高气温 |
| TEMPA_hhmaxt | 小时(指 01—60 分)最高气温出现时间 |
| TEMPA_p1maxt | 过去 1 h 最高气温出现时间 |
| TEMPA_p24maxt | 过去 24 h 最高气温出现时间 |
| TEMPA_ddmaxt | 日最高气温出现时间 |
| TEMPA_ddmean | 日平均气温 |
| TEMPA_mmstd | 分钟气温标准差 |
| TEMPA_5mmmean | 5 min 平均气温 |
| TEMPA_5mmstd | 5 min 气温标准差 |
| TEMPA_p24tend | 24 h 变温 |

观测序列编码规则。气象设备依据数据帧内容进行观测数据传输,当要素较多且经常一起出现时,为减少传输数据冗余,这里定义序列(sequence)编码来表示多个一起出现且顺序固定的观测变量。序列编码由序列名及多个顺序固定的气象要素值和质控码组成(用半角逗号分隔)。

观测序列编码有两类,由中国气象局统一定义并发布的业务序列编码,以及用户根据需要自行定义和使用的用户序列。业务序列由中国气象局统一定义和发布,已发布的业务序列不能改动,若业务变革需输出新序列时,由中国气象局统一定义和发布新业务序列,原业务序列定义不做更改。业务序列名由观测类别段、"SEQ"和顺序排列的自然数组成,如 TEMPSEQ1,代表中国气象局定义的第一个温度序列编码。用户序列由用户通过 SEQUENCE 命令实现。用户序列名固定为 USEQ1、USEQ2、USEQ3、USEQ4、USEQ5,不允许自定义用户序列名。用户序列内容可包括若干要素编码和业务序列编码,所包含的要素编码总数不超过 50 个,中间用半角逗号分隔。

序列中缺测编码规则。观测序列定义后,其包含的要素和要素顺序固定不变。序列中若全部气象要素值缺测则输出"/////",如:$ DATADICK,V202201,54511,YSTEM00,N01,OB,20221201080500,/////,3257,ED ↙,表明地温全部缺测;若部分气象要素值缺测,缺测的要素值输出"/",质控码输出"8",如:$ DATADICK,V202201,54511,YSTEM00,N01,OB,20221201080500,STEMSEQ1,25.1,0,20.1,0,19.5,1,0,19.2,0,18.9,0,18.4,0,17.1,0,16.4,0,/,8,/,8,z,0,7093,ED ↙,表明 160 cm 和 320 cm 地温缺测。

下面结合以上编码规则及我国地面观测业务特点,对我国现有地面气象观测业务涉及的要素及序列进行编码定义。

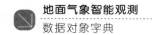

## 3.2 地面观测业务编码

### 3.2.1 气温观测编码

表 3.4 气温(Air Temperature)观测编码表

| 观测要素编码 | 要素名称 | 单位 | 保留小数位 |
|---|---|---|---|
| TEMPA | 1.5 m 气温 | ℃ | 1 |
| TEMPB | 虚温 | ℃ | 1 |
| **气温类采样数据编码** | | | |
| TEMPA0 | 1.5 m 气温 | ℃ | 1 |
| TEMPB0 | 虚温 | ℃ | 1 |
| **气温类统计要素编码** | | | |
| TEMPA_mmstd | 分钟气温标准差 | 无 | 4 |
| TEMPA_p0max | 00 分至当前最高温度 | ℃ | 1 |
| TEMPA_p0maxt | 00 分至当前最高温度出现时间 | hhmm | 0 |
| TEMPA_p0min | 00 分至当前最低温度 | ℃ | 1 |
| TEMPA_p0mint | 00 分至当前最低温度出现时间 | hhmm | 0 |
| TEMPA_hhmax | 小时最高气温 | ℃ | 1 |
| TEMPA_hhmaxt | 小时最高气温出现时间 | hhmm | 0 |
| TEMPA_hhmin | 小时最低气温 | ℃ | 1 |
| TEMPA_hhmint | 小时最低气温出现时间 | hhmm | 0 |
| TEMPA_p24max | 过去 24 h 最高气温 | ℃ | 1 |
| TEMPA_p24min | 过去 24 h 最低气温 | ℃ | 1 |
| TEMPA_p24tend | 24 h 变温 | ℃ | 1 |
| TEMPA_5mmmean | 5 min 平均温度 | ℃ | 1 |
| TEMPA_5mmstd | 5 min 气温标准差 | 无 | 4 |
| TEMPA_hhmean | 过去 1 h 平均气温 | ℃ | 1 |
| TEMPA_ddmax | 日最高气温 | ℃ | 1 |
| TEMPA_ddmaxt | 日最高气温出现时间 | hhmm | 0 |
| TEMPA_ddmin | 日最低气温 | ℃ | 1 |
| TEMPA_ddmint | 日最低气温出现时间 | hhmm | 0 |
| TEMPA_ddmean | 日平均气温 | ℃ | 1 |

表 3.5　气温观测序列编码

| 编码 | 内容 |
|---|---|
| TEMPSEQ1 | TEMPA，TEMPA_mmstd |
| TEMPSEQ2 | TEMPA，TEMPA_p0max，TEMPA_p0maxt，TEMPA_p0min，TEMPA_p0mint |
| TEMPSEQ3 | TEMPA，TEMPA_hhmax，TEMPA_hhmaxt，TEMPA_hhmin，TEMPA_hhmint，TEMPA_p24tend，TEMPA_p24max，TEMPA_p24min |

## 3.2.2　地温观测编码

表 3.6　地温（Soil Temperature）观测编码表

| 观测要素编码 | 观测要素名称 | 单位 | 保留小数位 | 备注 |
|---|---|---|---|---|
| STEMA | 草面(雪面)温度 | ℃ | 1 | |
| STEMB | 地表温度 | ℃ | 1 | |
| STEMC | 5 cm 浅层地温 | ℃ | 1 | |
| STEMD | 10 cm 浅层地温 | ℃ | 1 | |
| STEME | 15 cm 浅层地温 | ℃ | 1 | |
| STEMF | 20 cm 浅层地温 | ℃ | 1 | |
| STEMG | 40 cm 深层地温 | ℃ | 1 | |
| STEMH | 80 cm 深层地温 | ℃ | 1 | |
| STEMI | 160 cm 深层地温 | ℃ | 1 | |
| STEMJ | 320 cm 深层地温 | ℃ | 1 | |
| 地温类采样数据编码 | | | | |
| STEMA0 | 草面(雪面)温度 | ℃ | 1 | |
| STEMB0 | 地表温度 | ℃ | 1 | |
| STEMC0 | 5 cm 浅层地温 | ℃ | 1 | |
| STEMD0 | 10 cm 浅层地温 | ℃ | 1 | |
| STEME0 | 15 cm 浅层地温 | ℃ | 1 | |
| STEMF0 | 20 cm 浅层地温 | ℃ | 1 | |
| STEMG0 | 40 cm 深层地温 | ℃ | 1 | |
| STEMH0 | 80 cm 深层地温 | ℃ | 1 | |
| STEMI0 | 160 cm 深层地温 | ℃ | 1 | |
| STEMJ0 | 320 cm 深层地温 | ℃ | 1 | |
| 草面温度类统计要素编码 | | | | |
| STEMB_mmstd | 地表温度分钟标准差 | 无 | 4 | 红外地温设备输出 |
| STEMA_p0max | 00 分至当前最高草面(雪面)温度 | ℃ | 1 | |

| 观测要素编码 | 观测要素名称 | 单位 | 保留小数位 | 备注 |
|---|---|---|---|---|
| STEMA_p0maxt | 00 分至当前<br>最高草面(雪面)温度出现时间 | hhmm | 0 | |
| STEMA_p0min | 00 分至当前<br>最低草面(雪面)温度 | ℃ | 1 | |
| STEMA_p0mint | 00 分至当前<br>最低草面(雪面)温度出现时间 | hhmm | 0 | |
| STEMA_hhmax | 小时最高草面<br>(雪面)温度 | ℃ | 1 | |
| STEMA_hhmaxt | 小时最高草面(雪面)<br>温度出现时间 | hhmm | 0 | |
| STEMA_hhmin | 小时最低草面(雪面)温度 | ℃ | 1 | |
| STEMA_hhmint | 小时最低草面(雪面)<br>温度出现时间 | hhmm | 0 | |
| 地表温度类统计要素编码 | | | | |
| STEMB_p0max | 00 分至当前最高地表温度 | ℃ | 1 | |
| STEMB_p0maxt | 00 分至当前最高地表<br>温度出现时间 | hhmm | 0 | |
| STEMB_p0min | 00 分至当前最低地表温度 | ℃ | 1 | |
| STEMB_p0mint | 00 分至当前最低地表<br>温度出现时间 | hhmm | 0 | |
| STEMB_hhmax | 小时最高地表温度 | ℃ | 1 | |
| STEMB_hhmaxt | 小时最高地表温度出现时间 | hhmm | 0 | |
| STEMB_hhmin | 小时最低地表温度 | ℃ | 1 | |
| STEMB_hhmint | 小时最低地表温度出现时间 | hhmm | 0 | |
| STEMB_p12min | 过去 12 h 最低地表温度 | ℃ | 1 | |

表 3.7  地温观测序列编码

| 编码 | 内容 | 说明 |
|---|---|---|
| STEMSEQ1 | STEMA,STEMB,STEMC,STEMD,STEME,STEMF,STEMG,STEMH,STE-MI,STEMJ | |
| STEMSEQ2 | STEMA,STEMA_p0max,STEMA_p0maxt,STEMA_p0min,STEMA_p0mint,STEMB,STEMB_p0max,STEMB_p0maxt,STEMB_p0min,STEMB_p0mint,STEMC,STEMD,STEME,STEMF,STEMG,STEMH,STEMI,STEMJ | |
| STEMSEQ3 | STEMA,STEMA_hhmax,STEMA_hhmaxt,STEMA_hhmin,STEMA_hhmint,STEMB,STEMB_hhmax,STEMB_hhmaxt,STEMB_hhmin,STEMB_hhmint,STEMB_p12min,STEMC,STEMD,STEME,STEMF,STEMG,STEMH,STE-MI,STEMJ | |
| STEMSEQ4 | STEMB,STEMB_mmstd | 红外地温输出 |

## 3.2.3 气压观测编码

表 3.8 气压(Atmospheric Pressure)观测编码表

| 观测要素编码 | 观测要素名称 | 单位 | 保留小数位 |
|---|---|---|---|
| PRESA | 本站气压 | hPa | 1 |
| PRESB | 海平面气压 | hPa | 1 |
| 气压类采样数据编码 | | | |
| PRESA0 | 本站气压 | hPa | 1 |
| 气压观测类统计要素编码 | | | |
| PRESA_mmstd | 本站气压标准差 | 无 | 4 |
| PRESA_p0max | 00 分至当前最高本站气压 | hPa | 1 |
| PRESA_p0maxt | 00 分至当前最高本站气压出现时间 | hhmm | 0 |
| PRESA_p0min | 00 分至当前最低本站气压 | hPa | 1 |
| PRESA_p0mint | 00 分至当前最低本站气压出现时间 | hhmm | 0 |
| PRESA_hhmax | 小时最高本站气压 | hPa | 1 |
| PRESA_hhmaxt | 小时最高本站气压出现时间 | hhmm | 0 |
| PRESA_hhmin | 小时最低本站气压 | hPa | 1 |
| PRESA_hhmint | 小时最低本站气压出现时间 | hhmm | 0 |
| PRESA_p3tend | 3 h 变压 | hPa | 1 |
| PRESA_p24tend | 24 h 变压 | hPa | 1 |

表 3.9 气压观测序列编码

| 编码 | 内容 |
|---|---|
| PRESSEQ1 | PRESA,PRESA_mmstd |
| PRESSEQ2 | PRESA,PRESB,PRESA_p0max,PRESA_p0maxt,PRESA_p0min,PRESA_p0mint |
| PRESSEQ3 | PRESA,PRESB,PRESA_hhmax,PRESA_hhmaxt,PRESA_hhmin,PRESA_hhmint,PRESA_p3tend,PRESA_p24tend |

## 3.2.4 湿度观测编码

表 3.10 湿度(Humidity)观测编码表

| 观测要素编码 | 观测要素名称 | 单位 | 保留小数位 |
|---|---|---|---|
| HUMIA | 1.5 m 相对湿度 | % | 0 |
| HUMIB | 露点温度 | ℃ | 1 |
| HUMIC | 水汽压 | hPa | 1 |

| 观测要素编码 | 观测要素名称 | 单位 | 保留小数位 |
|---|---|---|---|
| 湿度类采样数据编码 | | | |
| HUMIA0 | 1.5 m 相对湿度 | % | 0 |
| 湿度观测类统计要素编码 | | | |
| HUMIA_mmstd | 分钟相对湿度标准差 | 无 | 4 |
| HUMIA_hhmean | 过去 1 h 平均相对湿度 | % | 0 |
| HUMIA_p0min | 00 分至当前最小相对湿度 | % | 0 |
| HUMIA_p0mint | 00 分至当前最小相对湿度出现时间 | hhmm | 0 |
| HUMIA_hhmin | 小时最小相对湿度 | % | 0 |
| HUMIA_hhmint | 小时最小相对湿度出现时间 | hhmm | 0 |

表 3.11　湿度观测序列编码

| 编码 | 内容 |
|---|---|
| HUMISEQ1 | HUMIA，HUMIA_mmstd |
| HUMISEQ2 | HUMIA，HUMIB，HUMIC，HUMIA_p0min，HUMIA_p0mint |
| HUMISEQ3 | HUMIA，HUMIB，HUMIC，HUMIA_hhmin，HUMIA_hhmint |

## 3.2.5　风观测编码

表 3.12　风速（Wind Speed）观测编码表

| 观测要素编码 | 观测要素名称 | 单位 | 保留小数位 | 备注 |
|---|---|---|---|---|
| WSPDA | 瞬时风速 | m/s | 1 | 一个采样值的 3 s 滑动平均 |
| WSPDB | 1 min 平均风速（10 m） | m/s | 1 | 1 min 60 个整秒瞬时风速的算术平均，是 10 min 平均风速的计算来源 |
| WSPDC | 2 min 平均风速（10 m） | m/s | 1 | 2 min 120 个整秒瞬时风速的算术平均 |
| WSPDD | 10 min 平均风速（10 m） | m/s | 1 | 10 min 10 个 1 min 平均风速的滑动平均 |
| WSPDE | 1 min 极大风速（10 m） | m/s | 1 | 瞬时风速（一个采样值的 3 s 滑动平均）的极大值 |
| 风速采样数据编码 | | | | |
| WSPDA0 | 10 m 风速采样值 | m/s | 1 | |
| 风速观测类统计要素编码 | | | | |
| WSPDD_p0max | 00 分至当前最大风速 | m/s | 1 | 00 分至当前 10 min 平均风速（WSPDD）最大值 |
| WSPDD_p0maxt | 00 分至当前最大风速出现时间 | hhmm | 0 | |

| 观测要素编码 | 观测要素名称 | 单位 | 保留小数位 | 备注 |
|---|---|---|---|---|
| WSPDE_p0max | 00分至当前极大风速 | m/s | 1 | 00分至当前1 min极大风速（WSPDE）最大值 |
| WSPDE_p0maxt | 00分至当前极大风速出现时间 | hhmm | 0 | |
| WSPDD_hhmax | 小时内最大风速 | m/s | 1 | 小时内10 min平均风速（WSPDD）最大值 |
| WSPDD_hhmaxt | 小时内最大风速出现时间 | hhmm | 0 | |
| WSPDE_hhmax | 小时内极大风速 | m/s | 1 | 小时内1 min极大风速（WSPDE）最大值 |
| WSPDE_hhmaxt | 小时内极大风速出现时间 | hhmm | 0 | |
| WSPDE_p6max | 过去6 h极大风速 | m/s | 1 | 过去6 h极大风速（WSPDE_hhmax）最大值 |
| WSPDE_p6maxt | 过去6 h极大风速出现时间 | hhmm | 0 | |
| WSPDE_p12max | 过去12 h极大风速 | m/s | 1 | 过去12 h极大风速（WSPDE_hhmax）最大值 |
| WSPDE_p12maxt | 过去12 h极大风速出现时间 | hhmm | 0 | |

表3.13　风向（Winddirection）观测编码表

| 观测要素编码 | 观测要素名称 | 单位 | 保留小数位 | 备注 |
|---|---|---|---|---|
| WDIRA | 瞬时风向（10 m） | ° | 0 | 一个采样值的3 s单位矢量平均值，用于对应输出瞬时风速的风向 |
| WDIRB | 1 min平均风向（10 m） | ° | 0 | 1 min 60个整秒瞬时风向单位矢量平均值，是10 min平均风向的计算来源 |
| WDIRC | 2 min平均风向（10 m） | ° | 0 | 2 min 120个瞬时风向的单位矢量平均值 |
| WDIRD | 10 min平均风向（10 m） | ° | 0 | 10 min 10个1 min平均风向的单位矢量平均值 |
| WDIRE | 1 min极大风速的风向（10 m） | ° | 0 | 1 min极大风速出现时的瞬时风向 |
| 风向采样数据编码 | | | | |
| WDIRA0 | 10 m瞬时风向 | ° | 0 | |
| 风向观测类统计要素编码 | | | | |
| WDIRD_p0max | 00分至当前最大风速的风向 | ° | 0 | |
| WDIRE_p0max | 00分至当前极大风速的风向 | ° | 0 | |
| WDIRD_hhmax | 小时内最大风速的风向 | ° | 0 | |
| WDIRE_hhmax | 小时内极大风速的风向 | ° | 0 | |
| WDIRE_p6max | 过去6 h极大风速的风向 | ° | 0 | |
| WDIRE_p12max | 过去12 h极大风速的风向 | ° | 0 | |

表 3.14 风观测序列编码

| 编码 | 内容 | 说明 |
|---|---|---|
| 风速类 | | |
| WSPDSEQ1 | WSPDA,WSPDB,WSPDC,WSPDD,WSPDE | |
| 风向类 | | |
| WDIRSEQ1 | WDIRA,WDIRB,WDIRC,WDIRD,WDIRE | |
| 风集成输出类 | | |
| WINDSEQ1 | WSPDA,WDIRA,WSPDB,WDIRB,WSPDC,WDIRC,WSPDD,WDIRD,WSPDE,WDIRE | |
| WINDSEQ2 | WSPDA,WDIRA,WSPDB,WDIRB,WSPDC,WDIRC,WSPDD,WDIRD,WSPDE,WDIRE,WSPDD_p0max,WDIRD_p0max,WSPDD_p0maxt,WSPDE_p0max,WDIRE_p0max,WSPDE_p0maxt | |
| WINDSEQ3 | WSPDA,WDIRA,WSPDB,WDIRB,WSPDC,WDIRC,WSPDD,WDIRD,WSPDE,WDIRE,WSPDD_hhmax,WDIRD_hhmax,WSPDD_hhmaxt,WSPDE_hhmax,WDIRE_hhmax,WSPDE_hhmaxt,WSPDE_p6max,WDIRE_p6max,WSPDE_p6maxt,WSPDE_p12max,WDIRE_p12max,WSPDE_p12maxt | |
| WINDSEQ4 | WSPDA,WDIRA,WSPDB,WDIRB,WSPDC,WDIRC,WSPDD,WDIRD,WSPDE,WDIRE,TEMPB | 超声风输出 |

## 3.2.6 降水观测编码

表 3.15 降水(Precipitation)观测编码表

| 观测要素编码 | 观测要素名称 | 单位 | 保留小数位 |
|---|---|---|---|
| PRECA | 分钟降水量 | mm | 1 |
| 降水观测采样数据编码 | | | |
| PRECA0 | 分钟降水量 | mm | 1 |
| 降水观测类统计要素编码(仅定义当前业务涉及的要素) | | | |
| PRECA_p0accu | 00分至当前时刻累计降水量 | mm | 1 |
| PRECA_p1accu | 1 h 累计降水量 | mm | 1 |
| PRECA_p3accu | 3 h 累计降水量 | mm | 1 |
| PRECA_p6accu | 6 h 累计降水量 | mm | 1 |
| PRECA_p12accu | 12 h 累计降水量 | mm | 1 |
| PRECA_p24accu | 24 h 累计降水量 | mm | 1 |

表 3.16 降水观测序列编码

| 编码 | 内容 |
|---|---|
| PRECSEQ1 | PRECA,PRECA_p0accu |
| PRECSEQ2 | PRECA,PRECA_p1accu,PRECA_p3accu,PRECA_p6accu,PRECA_p12accu,PRECA_p24accu |

## 3.2.7 蒸发观测编码

表 3.17 蒸发(Evaporation)观测编码表

| 观测要素编码 | 观测要素名称 | 单位 | 保留小数位 | 备注 |
|---|---|---|---|---|
| EVAPA | 蒸发水位 | mm | 1 | |
| EVAPB | 小时累计蒸发量 | mm | 1 | |
| 蒸发采样数据编码 | | | | |
| EVAPA0 | 蒸发水位 | mm | 1 | |
| 蒸发观测类统计要素编码(仅定义当前业务涉及的要素) | | | | |
| EVAPB_ddaccu | 日蒸发量 | mm | 1 | 北京时 20 时统计,20 时和 00 时编发 |

表 3.18 蒸发观测序列编码

| 编码 | 内容 |
|---|---|
| EVAPSEQ1 | EVAPA,EVAPB |
| EVAPSEQ2 | EVAPA,EVAPB,EVAPB_ddaccu |

## 3.2.8 辐射观测编码

(1)直接辐射观测编码

表 3.19 直接辐射(Shortwave Direct Solar Radiation)观测编码表

| 观测要素编码 | 观测要素名称 | 单位 | 保留小数位 |
|---|---|---|---|
| SDRAA | 直射辐射辐照度 | $W/m^2$ | 0 |
| SDRAB | (整点至当前时刻)直射辐射曝辐量 | $MJ/m^2$ | 2 |
| 直射辐射采样数据编码 | | | |
| SDRAA0 | 直射辐射辐照度 | $W/m^2$ | 0 |
| 直射辐射观测类统计要素编码(仅定义当前业务涉及的要素) | | | |
| SDRAA_mmmin | 分钟最小直接辐射辐照度 | $W/m^2$ | 0 |
| SDRAA_mmmax | 分钟最大直接辐射辐照度 | $W/m^2$ | 0 |
| SDRAA_mmstd | 分钟直接辐射辐照度标准差 | $W/m^2$ | 4 |
| SDRAA_hhmax | 小时最大直接辐射辐照度 | $W/m^2$ | 0 |
| SDRAA_hhmaxt | 小时最大直射辐射辐照度出现时间 | hhmm | 0 |

表 3.20 直接辐射观测序列编码

| 编码 | 内容 |
|---|---|
| SDRASEQ1 | SDRAA,SDRAB,SDRAA_mmmin,SDRAA_mmmax,SDRAA_mmstd,TIMEC |
| SDRASEQ2 | SDRAA,SDRAB,SDRAA_hhmax,SDRAA_hhmaxt,TIMEC |

（2）散射辐射观测编码

表 3.21　散射辐射（Shortwave Diffuse Sky Radiation）观测编码表

| 观测要素编码 | 观测要素名称 | 单位 | 保留小数位 |
|---|---|---|---|
| SSRAA | 散射辐射辐照度 | W/m² | 0 |
| SSRAB | （整点至当前时刻）散射辐射曝辐量 | MJ/m² | 2 |
| **散射辐射采样数据编码** | | | |
| SSRAA0 | 散射辐射辐照度 | W/m² | 0 |
| **散射辐射观测类统计要素编码（仅定义当前业务涉及的要素）** | | | |
| SSRAA_mmmin | 分钟最小散射辐射辐照度 | W/m² | 0 |
| SSRAA_mmmax | 分钟最大散射辐射辐照度 | W/m² | 0 |
| SSRAA_mmstd | 分钟散射辐射辐照度标准差 | W/m² | 4 |
| SSRAA_hhmax | 小时最大散射辐射辐照度 | W/m² | 0 |
| SSRAA_hhmaxt | 小时最大散射辐射辐照度出现时间 | hhmm | 0 |

表 3.22　散射辐射观测序列编码

| 编码 | 内容 |
|---|---|
| SSRASEQ1 | SSRAA,SSRAB,SSRAA_mmmin,SSRAA_mmmax,SSRAA_mmstd,TIMEC |
| SSRASEQ2 | SSRAA,SSRAB,SSRAA_hhmax,SSRAA_hhmaxt,TIMEC |

（3）总辐射观测编码

表 3.23　总辐射（Shortwave Global Radiation）观测编码表

| 观测要素编码 | 观测要素名称 | 单位 | 保留小数位 |
|---|---|---|---|
| SGRAA | 总辐射辐照度 | W/m² | 0 |
| SGRAB | （整点至当前时刻）总辐射曝辐量 | MJ/m² | 2 |
| **总辐射采样数据编码** | | | |
| SGRAA0 | 总辐射辐照度 | W/m² | 0 |
| **辐射观测类统计要素编码（仅定义当前业务涉及的要素）** | | | |
| SGRAA_mmmin | 分钟最小总辐射辐照度 | W/m² | 0 |
| SGRAA_mmmax | 分钟最大总辐射辐照度 | W/m² | 0 |
| SGRAA_mmstd | 分钟总辐射辐照度标准差 | W/m² | 4 |
| SGRAA_hhmax | 小时最大总辐射辐照度 | W/m² | 0 |
| SGRAA_hhmaxt | 小时最大总辐射辐照度出现时间 | hhmm | 0 |

表 3.24　总辐射观测序列编码

| 编码 | 内容 | 说明 |
|---|---|---|
| SGRASEQ1 | SGRAA,SGRAB,SGRAA_mmmin,SGRAA_mmmax,SGRAA_mmstd,TIMEC | 若总辐射观测值由独立总辐射表输出,则输出该序列,若总辐射观测由四分量净辐射表输出,则输出净辐射序列 |
| SGRASEQ2 | SGRAA,SGRAB,SGRAA_hhmax,SGRAA_hhmaxt,TIMEC | |

（4）反射辐射观测编码

表 3.25　反射辐射观测（Shortwave Reflected Radiation）编码表

| 观测要素编码 | 观测要素名称 | 单位 | 保留小数位 |
|---|---|---|---|
| SRRAA | 反射辐射辐照度 | W/m² | 0 |
| SRRAB | （整点至当前时刻）反射辐射曝辐量 | MJ/m² | 2 |
| 反射辐射采样数据编码 | | | |
| SRRAA0 | 反射辐射辐照度 | W/m² | 0 |
| 辐射观测类统计要素编码（仅定义当前业务涉及的要素） | | | |
| SRRAA_mmmin | 分钟最小反射辐射辐照度 | W/m² | 0 |
| SRRAA_mmmax | 分钟最大反射辐射辐照度 | W/m² | 0 |
| SRRAA_mmstd | 分钟反射辐射辐照度标准差 | W/m² | 4 |
| SRRAA_hhmax | 小时最大反射辐射辐照度 | W/m² | 0 |
| SRRAA_hhmaxt | 小时最大反射辐射辐照度出现时间 | hhmm | 0 |

表 3.26　反射辐射观测序列编码

| 编码 | 内容 |
|---|---|
| SRRASEQ1 | SRRAA,SRRAB,SRRAA_mmmin,SRRAA_mmmax,SRRAA_mmstd,TIMEC |
| SRRASEQ2 | SSRAA,SSRAB,SSRAA_hhmax,SSRAA_hhmaxt,TIMEC |

（5）大气长波辐射观测编码

表 3.27　大气长波辐射（Longwave Sky Radiation）观测编码表

| 观测要素编码 | 观测要素名称 | 单位 | 保留小数位 |
|---|---|---|---|
| LSRAA | 大气长波辐射辐照度 | W/m² | 0 |
| LSRAB | （整点至当前时刻）大气长波辐射曝辐量 | MJ/m² | 2 |
| 大气长波辐射采样数据编码 | | | |
| LSRAA0 | 大气长波辐射辐照度 | W/m² | 0 |
| 辐射观测类统计要素编码（仅定义当前业务涉及的要素） | | | |
| LSRAA_mmmin | 分钟最小大气长波辐射辐照度 | W/m² | 0 |

29

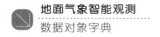

| 观测要素编码 | 观测要素名称 | 单位 | 保留小数位 |
|---|---|---|---|
| LSRAA_mmmax | 分钟最大大气长波辐射辐照度 | W/m² | 0 |
| LSRAA_mmstd | 分钟大气长波辐射辐照度标准差 | W/m² | 4 |
| LSRAA_hhmin | 小时最小大气长波辐射辐照度 | W/m² | 0 |
| LSRAA_hhmint | 小时最小大气长波辐射辐照度出现时间 | hhmm | 0 |
| LSRAA_hhmax | 小时最大大气长波辐射辐照度 | W/m² | 0 |
| LSRAA_hhmaxt | 小时最大大气长波辐射辐照度出现时间 | hhmm | 0 |

表 3.28    大气长波辐射观测序列编码

| 编码 | 内容 |
|---|---|
| LSRASEQ1 | LSRAA,LSRAB,LSRAA_mmmin,LSRAA_mmmax,LSRAA_mmstd,TIMEC |
| LSRASEQ2 | LSRAA,LSRAB,LSRAA_hhmin,LSRAA_hhmint,LSRAA_hhmax,LSRAA_hhmaxt,TIMEC |

（6）地球长波辐射观测编码

表 3.29    地球长波辐射（Longwave Earth Radiation）观测编码表

| 观测要素编码 | 观测要素名称 | 单位 | 保留小数位 |
|---|---|---|---|
| LERAA | 地球长波辐射辐照度 | W/m² | 0 |
| LERAB | （整点至当前时刻）地球长波辐射曝辐量 | MJ/m² | 2 |
| **地球长波辐射采样数据编码** | | | |
| LERAA0 | 地球长波辐射辐照度 | W/m² | 0 |
| **辐射观测类统计要素编码（仅定义当前业务涉及的要素）** | | | |
| LERAA_mmmin | 分钟最小地球长波辐射辐照度 | W/m² | 0 |
| LERAA_mmmax | 分钟最大地球长波辐射辐照度 | W/m² | 0 |
| LERAA_mmstd | 分钟地球长波辐射辐照度标准差 | W/m² | 4 |
| LERAA_hhmin | 小时最小地球长波辐射辐照度 | W/m² | 0 |
| LERAA_hhmint | 小时最小地球长波辐射辐照度出现时间 | hhmm | 0 |
| LERAA_hhmax | 小时最大地球长波辐射辐照度 | W/m² | 0 |
| LERAA_hhmaxt | 小时最大地球长波辐射辐照度出现时间 | hhmm | 0 |

表 3.30    地球长波辐射观测序列编码

| 编码 | 内容 |
|---|---|
| LERASEQ1 | LERAA,LERAB,LERAA_mmmin,LERAA_mmmax,LERAA_mmstd,TIMEC |
| LERASEQ2 | LERAA,LERAB,LERAA_hhmin,LERAA_hhmint,LERAA_hhmax,LERAA_hhmaxt,TIMEC |

（7）紫外辐射观测编码

表 3.31　紫外辐射（Ultraviolet Radiation）观测编码表

| 观测要素编码 | 观测要素名称 | 单位 | 保留小数位 |
|---|---|---|---|
| UVRAA | 紫外辐射（UVA）辐照度 | W/m² | 2 |
| UVRAB | 紫外辐射（UVB）辐照度 | W/m² | 2 |
| UVRAC | 紫外辐射（UVC）辐照度 | W/m² | 2 |
| UVRAD | 紫外辐射辐照度 | W/m² | 2 |
| UVRAE | （整点至当前时刻）紫外辐射（UVA）曝辐量 | MJ/m² | 3 |
| UVRAF | （整点至当前时刻）紫外辐射（UVB）曝辐量 | MJ/m² | 3 |
| UVRAG | （整点至当前时刻）紫外辐射（UVC）曝辐量 | MJ/m² | 3 |
| UVRAH | （整点至当前时刻）紫外辐射曝辐量 | MJ/m² | 3 |
| **紫外辐射采样数据编码** | | | |
| UVRAA0 | 紫外辐射（UVA）辐照度 | W/m² | 2 |
| UVRAB0 | 紫外辐射（UVB）辐照度 | W/m² | 2 |
| UVRAC0 | 紫外辐射（UVC）辐照度 | W/m² | 2 |
| UVRAD0 | 紫外辐射辐照度 | W/m² | 2 |
| **辐射观测类统计要素编码（仅定义当前业务涉及的要素）** | | | |
| UVRAA_mmmin | 分钟最小紫外辐射（UVA）辐照度 | W/m² | 2 |
| UVRAA_mmmax | 分钟最大紫外辐射（UVA）辐照度 | W/m² | 2 |
| UVRAA_mmstd | 分钟紫外辐射（UVA）辐照度标准差 | W/m² | 4 |
| UVRAA_hhmax | 小时最大紫外辐射（UVA）辐照度 | W/m² | 2 |
| UVRAA_hhmaxt | 小时最大紫外辐射（UVA）辐照度出现时间 | hhmm | 0 |
| UVRAB_mmmin | 分钟最小紫外辐射（UVB）辐照度 | W/m² | 2 |
| UVRAB_mmmax | 分钟最大紫外辐射（UVB）辐照度 | W/m² | 2 |
| UVRAB_mmstd | 分钟紫外辐射（UVB）辐照度标准差 | W/m² | 4 |
| UVRAB_hhmax | 小时最大紫外辐射（UVB）辐照度 | W/m² | 2 |
| UVRAB_hhmaxt | 小时最大紫外辐射（UVB）辐照度出现时间 | hhmm | 0 |
| UVRAC_mmmin | 分钟最小紫外辐射（UVC）辐照度 | W/m² | 2 |
| UVRAC_mmmax | 分钟最大紫外辐射（UVC）辐照度 | W/m² | 2 |
| UVRAC_mmstd | 分钟紫外辐射（UVC）辐照度标准差 | W/m² | 4 |
| UVRAC_hhmax | 小时最大紫外辐射（UVC）辐照度 | W/m² | 2 |
| UVRAC_hhmaxt | 小时最大紫外辐射（UVC）辐照度出现时间 | hhmm | 0 |
| UVRAD_mmmin | 分钟最小紫外辐射辐照度 | W/m² | 2 |
| UVRAD_mmmax | 分钟最大紫外辐射辐照度 | W/m² | 2 |
| UVRAD_mmstd | 分钟紫外辐射辐照度标准差 | W/m² | 4 |
| UVRAD_hhmax | 小时最大紫外辐射辐照度 | W/m² | 2 |
| UVRAD_hhmaxt | 小时最大紫外辐射辐照度出现时间 | hhmm | 0 |

表 3.32　紫外辐射观测序列编码

| 编码 | 内容 |
| --- | --- |
| UVRASEQ1 | UVRAA, UVRAE, UVRAA_mmmin, UVRAA_mmmax, UVRAA_mmstd, TIMEC |
| UVRASEQ2 | UVRAB, UVRAF, UVRAB_mmmin, UVRAB_mmmax, UVRAB_mmstd, TIMEC |
| UVRASEQ3 | UVRAC, UVRAG, UVRAC_mmmin, UVRAC_mmmax, UVRAC_mmstd, TIMEC |
| UVRASEQ4 | UVRAD, UVRAH, UVRAD_mmmin, UVRAD_mmmax, UVRAD_mmstd, TIMEC |
| UVRASEQ5 | UVRAA, UVRAE, UVRAA_hhmax, UVRAA_hhmaxt, TIMEC |
| UVRASEQ6 | UVRAB, UVRAF, UVRAB_hhmax, UVRAB_hhmaxt, TIMEC |
| UVRASEQ7 | UVRAC, UVRAG, UVRAC_hhmax, UVRAC_hhmaxt, TIMEC |
| UVRASEQ8 | UVRAD, UVRAH, UVRAD_hhmax, UVRAD_hhmaxt, TIMEC |

（8）光合有效辐射观测编码

表 3.33　光合有效辐射（photosynthetically active radiation）观测编码表

| 观测要素编码 | 观测要素名称 | 单位 | 保留小数位 |
| --- | --- | --- | --- |
| ACRAA | 光合有效辐射辐照度 | $\mu mol/(m^2 \cdot s)$ | 0 |
| ACRAB | （整点至当前时刻）光合有效辐射曝辐量 | $mol/m^2$ | 2 |
| 光合有效辐射采样数据编码 | | | |
| ACRAA0 | 光合有效辐射辐照度 | $\mu mol/(m^2 \cdot s)$ | 0 |
| 辐射观测类统计要素编码（仅定义当前业务涉及的要素） | | | |
| ACRAA_mmmin | 分钟最小光合有效辐射辐照度 | $\mu mol/(m^2 \cdot s)$ | 0 |
| ACRAA_mmmax | 分钟最大光合有效辐射辐照度 | $\mu mol/(m^2 \cdot s)$ | 0 |
| ACRAA_mmstd | 分钟光合有效辐射辐照度标准差 | $\mu mol/(m^2 \cdot s)$ | 4 |
| ACRAA_hhmax | 小时最大光合有效辐射辐照度 | $\mu mol/(m^2 \cdot s)$ | 0 |
| ACRAA_hhmaxt | 小时最大光合有效辐射辐照度出现时间 | hhmm | 0 |

表 3.34　光合有效辐射观测序列编码

| 编码 | 内容 |
| --- | --- |
| ACRASEQ1 | ACRAA, ACRAB, ACRAA_mmmin, ACRAA_mmmax, ACRAA_mmstd, TIMEC |
| ACRASEQ2 | ACRAA, ACRAB, ACRAA_hhmax, ACRAA_hhmaxt, TIMEC |

（9）净全辐射观测编码

表 3.35　净全辐射（Net Radiation）观测编码表

| 观测要素编码 | 观测要素名称 | 单位 | 保留小数位 |
| --- | --- | --- | --- |
| NERAA | 净全辐射辐照度 | $W/m^2$ | 0 |
| NERAB | （整点至当前时刻）净全辐射曝辐量 | $MJ/m^2$ | 2 |

| 观测要素编码 | 观测要素名称 | 单位 | 保留小数位 |
|---|---|---|---|
| 辐射观测类统计要素编码（仅定义当前业务涉及的要素） | | | |
| NERAA_mmmin | 分钟最小净全辐射辐照度 | W/m² | 0 |
| NERAA_mmmax | 分钟最大净全辐射辐照度 | W/m² | 0 |
| NERAA_mmstd | 分钟净全辐射辐照度标准差 | W/m² | 4 |
| NERAA_hhmin | 小时最小净全辐射辐照度 | W/m² | 0 |
| NERAA_hhmint | 小时最小净全辐射辐照度出现时间 | hhmm | 0 |
| NERAA_hhmax | 小时最大净全辐射辐照度 | W/m² | 0 |
| NERAA_hhmaxt | 小时最大净全辐射辐照度出现时间 | hhmm | 0 |

表 3.36　净全辐射观测序列编码

| 编码 | 内容 |
|---|---|
| NERASEQ1 | SGRAA，SGRAB，SGRAA_mmmin，SGRAA_mmmax，SGRAA_mmstd，SRRAA，SRRAB，SRRAA_mmmin，SRRAA_mmmax，SRRAA_mmstd，LSRAA，LSRAB，LSRAA_mmmin，LSRAA_mmmax，LSRAA_mmstd，LERAA，LERAB，LERAA_mmmin，LERAA_mmmax，LERAA_mmstd，NERAA，NERAB，NERAA_mmmin，NERAA_mmmax，NERAA_mmstd，TIMEC |
| NERASEQ2 | NERAA，NERAB，NERAA_hhmin，NERAA_hhmint，NERAA_hhmax，NERAA_hhmaxt，TIMEC |

## 3.2.9　日照时数观测编码

表 3.37　日照（Sunshine Duration）观测编码表

| 观测要素编码 | 观测要素名称 | 单位 | 保留小数位 |
|---|---|---|---|
| SUNDA | 分钟有无日照 | 无 | 0 |
| 日照观测类统计要素编码（仅定义当前业务涉及的要素） | | | |
| SUNDA_p0accu | 小时累计日照时数 | min | 0 |
| SUNDA_ddaccu | 日累计日照时数 | h | 1 |

表 3.38　日照观测序列编码

| 编码 | 内容 |
|---|---|
| SUNDSEQ1 | SUNDA_p0accu，SUNDA_ddaccu |

## 3.2.10　云观测编码

表 3.39　云（Clouds）观测编码表

| 观测要素编码 | 观测要素名称 | 单位 | 保留小数位 |
|---|---|---|---|
| CLODA | 云底高 | m | 0 |
| CLODB | 云顶高 | m | 0 |
| CLODC | 总云量 | % | 0 |
| CLODD | 低云量 | % | 0 |

| 观测要素编码 | 观测要素名称 | 单位 | 保留小数位 |
|---|---|---|---|
| CLODE | 可见光云量 | % | 0 |
| CLODF | 红外云量 | % | 0 |
| CLODG | 总云状 | 无 | 0 |
| CLODH | 低云状 | 无 | 0 |
| CLODI | 中云状 | 无 | 0 |
| CLODJ | 高云状 | 无 | 0 |

云状(云类型):淡积云(01);碎积云(02);浓积云(03);秃积雨云(04);鬃积雨云(05);透光层积云(06);蔽光层积云(07);积云性层积云(08);堡状层积云(09);荚状层积云(10);层云(11);碎层云(12);雨层云(13);碎雨云(14);透光高层云(15);蔽光高层云(16);透光高积云(17);蔽光高积云(18);荚状高积云(19);积云性高积云(20);絮状高积云(21);堡状高积云(22);毛卷云(23);密卷云(24);伪卷云(25);钩卷云(26);毛卷层云(27);匀卷层云(28);卷积云(29);视程障碍现象引起的云状无法辨明(30);全天无云(31);中云状或高云状无判别云状(99)。

表 3.40　云观测序列编码

| 编码 | 内容 |
|---|---|
| CLODSEQ1 | CLODA,CLODC,CLODE,CLODF,CLODH,CLODI,CLODJ |
| CLODSEQ2 | CLODA,CLODB,CLODC,CLODD,CLODE,CLODF,CLODG,CLODH,CLODI,CLODJ |

### 3.2.11　能见度观测编码

表 3.41　能见度(Visibility)观测编码表

| 观测要素编码 | 观测要素名称 | 单位 | 保留小数位 | 备注 |
|---|---|---|---|---|
| VISIA | 1 min 能见度 | m | 0 | |
| VISIB | 10 min 平均能见度 | m | 0 | |
| VISIC | 水平能见度(模拟人工观测) | m | 0 | 46—00 分最小 10 min 能见度 |
| **能见度采样数据编码** | | | | |
| VISIA0 | 能见度 | m | 0 | |
| **能见度观测类统计要素编码(仅定义当前业务涉及的要素)** | | | | |
| VISIB_p0 min | 00 分至当前时刻最小 10 min 平均能见度 | m | 0 | |
| VISIB_p0mint | 00 分至当前时刻最小 10 min 平均能见度出现时间 | hhmm | 0 | |
| VISIB_hhmin | 小时最小 10 min 平均能见度 | m | 0 | |
| VISIB_hhmint | 小时最小 10 min 平均能见度出现时间 | hhmm | 0 | |

表 3.42　能见度观测序列编码

| 编码 | 内容 |
|---|---|
| VISISEQ1 | VISIA，VISIB |
| VISISEQ2 | VISIA，VISIB，VISIB_p0min，VISIB_p0mint |
| VISISEQ3 | VISIA，VISIB，VISIC，VISIB_hhmin，VISIB_hhmint |

## 3.2.12　天气现象观测编码

天气现象包括降水现象、地面凝结现象、视程障碍现象、雷电现象和其他天气现象等。

天气现象观测即发生的各类天气现象，天气现象编码用 WEATA 表示，输出值即为发生的天气现象类别（表 3.43）。

表 3.43　天气现象（Weather）观测编码表

| 观测要素编码 | 观测要素名称 | 保留小数位 | 备注 |
|---|---|---|---|
| WEATA | 天气现象 | 0 | 值为发生的天气现象类别，详见表 3.44。 |

根据世界气象组织对天气现象的划分以及我国业务特点，我国业务对天气现象类别的划分和编号如表 3.44 所示：

表 3.44　天气现象名称及编码

| 天气现象 | 天气现象编号 | 天气现象 | 天气现象编号 |
|---|---|---|---|
| 无降水现象 | 00 | 沙尘暴 | 31 |
| 露 | 01 | 雾 | 42 |
| 霜 | 02 | 雾凇 | 48 |
| 结冰 | 03 | 毛毛雨 | 50 |
| 霾 | 05 | 雨凇 | 56 |
| 浮尘 | 06 | 雨 | 60 |
| 扬沙 | 07 | 雨夹雪 | 68 |
| 轻雾 | 10 | 雪 | 70 |
| 积雪 | 16 | 冰雹 | 89 |
| 雷暴 | 17 | | |

举例如下：若探测出发生天气现象为霾，则数据段相应内容编码为 WEATA，05；若探测出当前发生天气现象为冰雹，则数据段相应内容编码为 WEATA，89。

气象观测中除需了解发生的天气现象，还需对该现象其他特征有更多了解，如冰雹直径、降水滴谱特征、视程障碍类颗粒物大小等，由于天气现象种类较多，这里结合天气现象分类和仪器观测特点，对特定天气现象详细特征分别进行编码。

### （1）降水天气现象（雨滴谱）观测编码

表 3.45 雨滴谱（Raindrop Size Distribution）观测编码表

| 观测要素编码 | 观测要素名称 | 保留小数位 | 备注 |
|---|---|---|---|
| RDSDA | 雨滴谱 | — | 雨滴谱数据 RDSDA 由通道编号和该通道粒子数组成，数据之间用半角冒号分割。输出以通道编号和该通道的粒子个数两个数值为一组，一条谱数据包含多组数。通道编号范围从 1 至 1024，通道记录的最大粒子数量为 65535。如"\$DATADICK，V202201，54511，YRDSD00，N01，OB，20240716000400，RDSDA，67:2;98:1;100:1;195:2;263:1;291:1;294:1;324:1;355:2;356:2;357:1;358:1;387:4;388:1;389:2;393:1;419:1;420:4;423:1;451:4;452:1;483:4;484:2;515:1;516:2;548:1,9,z,0,2070,ED↙"含义：第 67 粒子分级的雨滴个数为 2 个，第 98 粒子分级的雨滴个数为 1 个，……，第 548 粒子分级的雨滴个数为 1 个 |

表 3.46 雨滴谱观测序列编码

| 编码 | 内容 |
|---|---|
| RDSDSEQ1 | WEATA，RDSDA |

### （2）视程障碍天气现象（颗粒物）观测编码

表 3.47 颗粒物（Particulate Matter）观测编码表

| 观测要素编码 | 观测要素名称 | 单位 | 保留小数位 |
|---|---|---|---|
| PMPMA | $PM_1$ 颗粒物质量浓度 | $\mu g/m^3$ | 1 |
| PMPMB | $PM_{2.5}$ 颗粒物质量浓度 | $\mu g/m^3$ | 1 |
| PMPMC | $PM_{10}$ 颗粒物质量浓度 | $\mu g/m^3$ | 1 |
| PMPMD | 总悬浮颗粒物质量浓度 | $\mu g/m^3$ | 1 |
| 颗粒物采样数据编码 | | | |
| PMPMA0 | $PM_1$ 颗粒物质量浓度 | $\mu g/m^3$ | 1 |
| PMPMB0 | $PM_{2.5}$ 颗粒物质量浓度 | $\mu g/m^3$ | 1 |
| PMPMC0 | $PM_{10}$ 颗粒物质量浓度 | $\mu g/m^3$ | 1 |
| PMPMD0 | 总悬浮颗粒物质量浓度 | $\mu g/m^3$ | 1 |

表 3.48 颗粒物观测序列编码

| 编码 | 内容 |
|---|---|
| PMPMSEQ1 | PMPMA，PMPMB，PMPMC，PMPMD |

（3）雷暴现象观测编码

表 3.49　雷暴（Thunderstorms）观测编码表

| 观测要素编码 | 观测要素名称 | 单位 | 保留小数位 | 备注 |
|---|---|---|---|---|
| THUDA | 雷暴监测预警信息 | — | — | 雷暴监测预警信息由雷暴监测预警时间、雷暴监测预警等级、临近雷暴方位和临近雷暴距离四组数据组成，每组数据之间用半角冒号分隔。<br>雷暴监测预警时间：观测点当前雷暴预警时间信息，时间精确到分钟，如 15 时 16 分，记录：1516。<br>雷暴监测预警等级：由高到低依次为Ⅰ级、Ⅱ级、Ⅲ级和无预警，分别用 1、2、3 和 0 表示。<br>临近雷暴方位：前 1 分钟距离观测点最近雷暴方位，0—7 表示。<br>临近雷暴距离：前 1 分钟距离观测点最近雷暴距离，单位：km，保留 1 位小数 |
| THUDB | 雷暴信息 | — | — | 雷暴信息由放电次数、回击次数和负闪比例三组数据组成，每组数据之间用半角冒号分隔。<br>放电次数：前 1 分钟雷暴活动过程中的放电次数（云闪和地闪），保留整数。<br>回击次数：前 1 分钟雷暴活动过程中的地闪回击次数，保留整数。<br>负闪比例：前 1 分钟雷暴活动过程中的负地闪回击占地闪回击总量的比例，单位：%，保留整数 |
| THUDC | 雷暴单体信息 | — | — | 每个雷暴单体信息由雷暴单体方位角、雷暴单体距离和雷暴单体半径三组数据组成，按照距离由近及远的顺序最多输出 10 个雷暴单体信息，不足 10 个时，按实际数量输出。各雷暴单体之间、各数据之间用半角冒号分隔。例如 1 个雷暴单体表示为 212.5:12.5:3.5，3 个雷暴单体表示为 212.5:12.5:3.5:22.5:22.7:5.5:33.5:26.0:2.5。<br>雷暴单体方位角：雷暴单体方位，单位：°，保留 1 位小数。<br>雷暴单体距离：雷暴单体距离，单位：km，保留 1 位小数。<br>雷暴单体半径：雷暴单体影响范围，单位：km，保留 1 位小数 |

表 3.50　雷暴观测序列编码

| 编码 | 内容 |
|---|---|
| THUDSEQ1 | THUDA,THUDB,THUDC |

## 3.2.13　积雪观测编码

表 3.51　积雪(Snow)观测编码表

| 观测要素编码 | 观测要素名称 | 单位 | 保留小数位 | 备注 |
|---|---|---|---|---|
| SNOWA | 积雪深度 | cm | 1 | 积雪微量,用－1cm 表示 |
| 积雪采样数据编码 | | | | |
| SNOWA0 | 积雪深度 | cm | 1 | |

表 3.52　积雪观测序列编码

| 编码 | 内容 |
|---|---|
| SNOWSEQ1 | SNOWA |

## 3.2.14　酸雨观测编码

表 3.53　酸雨(Acid Rain)观测编码表

| 观测要素编码 | 观测要素名称 | 单位 | 保留小数位 | 备注 |
|---|---|---|---|---|
| ACIDA | 初复测标识 | 无 | | 0-只有初测;1-复测 |
| ACIDB | 样品温度均值 | ℃ | 1 | 酸雨日数据要素 |
| ACIDC | pH 值 | 无 | 2 | 酸雨日数据要素,由初测 pH 值 3 次读数和平均值、复测 pH 值 3 次读数和平均值共八组数据组成,数据之间用半角冒号分隔 |
| ACIDD | 电导率 | 无 | 1 | 酸雨日数据要素,由初测电导率 3 次读数和平均值、复测电导率 3 次读数和平均值共八组数据组成,数据之间用半角冒号分隔 |
| ACIDE | 感雨值 | 无 | 0 | 0-无雨,1-有雨 |
| ACIDF | 存储数据状态值 | 无 | 0 | 酸雨发报依据 |

表 3.54　酸雨观测序列编码

| 编码 | 内容 |
|---|---|
| ACIDSEQ1 | ACIDA,ACIDB,ACIDC,ACIDD,ACIDE,ACIDF |

## 3.2.15　冻土观测编码

**表 3.55　冻土(Frozen Soil)观测编码表**

| 观测要素编码 | 观测要素名称 | 单位 | 保留小数位 | 备注 |
|---|---|---|---|---|
| FROSA | 冻土上下限值 | cm | 0 | 由各层冻土上限和下限数据组成,各数据之间用半角冒号隔开 |

**表 3.56　冻土观测序列编码**

| 编码 | 内容 | 说明 |
|---|---|---|
| FROSSEQ1 | FROSA | 目前业务中只在 08 时传输第一层和第二层上下限数据 |

## 3.2.16　土壤水分观测编码

**表 3.57　土壤水分(Soil Moisture)编码**

| 观测要素编码 | 观测要素名称 | 单位 | 保留小数位 |
|---|---|---|---|
| SMOIA | 0～10 cm 10 min 平均土壤体积含水量 | % | 1 |
| SMOIB | 10～20 cm 10 min 平均土壤体积含水量 | % | 1 |
| SMOIC | 20～30 cm 10 min 平均土壤体积含水量 | % | 1 |
| SMOID | 30～40 cm 10 min 平均土壤体积含水量 | % | 1 |
| SMOIE | 40～50 cm 10 min 平均土壤体积含水量 | % | 1 |
| SMOIF | 50～60 cm 10 min 平均土壤体积含水量 | % | 1 |
| SMOIG | 70～80 cm 10 min 平均土壤体积含水量 | % | 1 |
| SMOIH | 90～100 cm 10 min 平均土壤体积含水量 | % | 1 |

**表 3.58　土壤水分序列编码**

| 编码 | 内容 |
|---|---|
| SMOISEQ1 | SMOIA,SMOIB,SMOIC,SMOID,SMOIE,SMOIF,SMOIG,SMOIH |

## 3.2.17　冰雹观测编码

**表 3.59　冰雹(Hail)观测编码表**

| 观测要素编码 | 观测要素名称 | 单位 | 保留小数位 |
|---|---|---|---|
| HAILA | 最大冰雹直径 | m | 3 |
| HAILB | 最大冰雹重量 | g | 0 |

### 3.2.18 电线积冰观测

表 3.60　电线积冰(Wire Ice)观测编码表

| 观测要素编码 | 观测要素名称 | 单位 | | 保留小数位 |
|---|---|---|---|---|
| WICEA | 电线积冰-南北方向直径、厚度和重量 | 直径:mm | | 0 |
| | | 厚度:mm | | 0 |
| | | 重量:g/m | | 0 |
| WICEB | 电线积冰-东西方向直径、厚度和重量 | 直径:mm | | 0 |
| | | 厚度:mm | | 0 |
| | | 重量:g/m | | 0 |

### 3.2.19 智能电源观测

表 3.61　智能电源(Power Ctronl)观测编码表

| 观测要素编码 | 观测要素名称 | 单位 | 保留小数位 | 备注 |
|---|---|---|---|---|
| POWRA | 开启状态 | 无 | 0 | "1"表示电源开启;"0"表示电源关闭;多路之间使用半角冒号分隔(下同) |
| POWRB | 供电类型 | 无 | 0 | "AC"表示交流供电;"DC"表示直流供电。多路之间使用半角冒号分隔 |
| POWRC | 外接电源电压 | V | 1 | 外接电源电压值,单位为伏(V),取1位小数。多路之间使用半角冒号分隔 |
| POWRD | 设备供电电压 | V | 1 | 供给设备的工作电压值,单位为伏(V),取1位小数,原值扩大10倍存储。多路之间使用半角冒号分隔 |
| POWRE | 工作电流 | mA | 0 | 单位为毫安(mA),取整输出。多路之间使用半角冒号分隔 |
| POWRF | 设备/主采主板温度 | ℃ | 1 | 单位为摄氏度(℃),取1位小数,原值扩大10倍存储 |

### 3.2.20 智能集成处理器

我国地面气象观测业务中,所有观测数据由智能集成处理器按气象观测业务要求统一上传,这里结合现有业务内容,对地面智能集成处理器形成的数据序列编码如表 3.62。

参照表 2.3 中设备类型编码规则,地面智能集成处理器编码为 YISMO00。

表 3.62　地面智能集成处理器（Integrated Surface Meteorological Observation）序列编码

| 编码 | 内容 | 说明 |
| --- | --- | --- |
| ISMOSEQ1 | DATADICK,V202201,54511,YISMO00,N01,OB,<br>20220702080500,ISMOSEQ1,PRESA,PRESB,TEM-<br>PA,HUMIB,HUMIA,HUMIC,PRECA,WDIRD,<br>WSPDD,WDIRC,WSPDC,WDIRA,WSPDA,WDIRE,<br>WSPDE,STEMB,STEMC,STEMD,STEME,STEMF,<br>STEMG,STEMH,STEMI,STEMJ,STEMA,VISIB,<br>VISIA,CLODC,CLODA,SNOWA,WEATA,PRECA_<br>p0accu,PRESA_p0max,PRESA_p0maxt,TEMPA_p0max,<br>TEMPA_p0maxt,WDIRD_p0max,WSPDD_p0max,WSP-<br>DD_p0maxt,WDIRE_p0max,WSPDE_p0max,WSPDE_<br>p0maxt,STEMA_p0max,STEMA_p0maxt,STEMB_<br>p0max,STEMB_p0maxt,PRESA_p0min,PRESA_<br>p0mint,TEMPA_p0min,TEMPA_p0mint,HUMIA_<br>p0min,HUMIA_p0mint,STEMB_p0min,STEMB_<br>p0mint,VISIB_p0min,VISIB_p0mint,z,0,3440,ED | 国内地面分钟观测数据<br>BUFR 中所有气象要素 |
| ISMOSEQ2 | DATADICK,V202201,54511,YISMO00,N01,OB,<br>20220702080000,ISMOSEQ2,PRESA,PRESB,PRESA_<br>p3tend,PRESA_p24tend,PRESA_hhmax,PRESA_hhmaxt,<br>PRESA_hhmin,PRESA_hhmint,TEMPA,HUMIB,<br>HUMIA,HUMIC,TEMPA_hhmax,TEMPA_hhmaxt,<br>TEMPA_hhmin,TEMPA_hhmint,HUMIA_hhmin,<br>HUMIA_hhmint,TEMPA_p24tend,TEMPA_p24max,<br>TEMPA_p24min,PRECA_p1accu,PRECA_p3accu,<br>PRECA_p6accu,PRECA_p12accu,PRECA_p24accu,<br>EVAPB,EVAPA,EVAPB_ddaccu,WDIRA,WSPDA,<br>WDIRD,WSPDD,WDIRC,WSPDC,WDIRD_hhmax,<br>WSPDD_hhmax,WSPDD_hhmaxt,WDIRE_hhmax,<br>WSPDE_hhmax,WSPDE_hhmaxt,WDIRE_p6max,<br>WSPDE_p6max,WSPDE_p6maxt,WDIRE_p12max,<br>WSPDE_p12max,WSPDE_p12maxt,STEMB,STEMC,<br>STEMD,STEME,STEMF,STEMG,STEMH,STEMI,<br>STEMJ,STEMB_hhmax,STEMB_hhmaxt,STEMB_<br>hhmin,STEMB_hhmint,STEMA,STEMA_hhmax,<br>STEMA_hhmaxt,STEMA_hhmin,STEMA_hhmint,<br>VISIC,VISIB,VISIA,VISIB_hhmin,VISIB_hhmint,<br>CLODC,CLODA,CLODE,CLODF,CLODH,CLODI,<br>CLODJ,SNOWA,FROSA,WICEA,WICEB,HAILA,<br>HAILB,WEATA ,SUNDA_24p0accu,SUNDA_ddaccu,z,<br>0,0676,ED | 国内地面小时观测数据<br>BUFR 中所有气象要素<br>（注：SUNDA_24p0accu 是<br>01—00 时 24 个小时每小<br>时累计日照时数,各小时<br>累计日照时数（SUNDA_<br>p0accu）数据之间用半角冒<br>号分隔。该值为日照观测<br>业务要求上传的量） |
| ISMOSEQ3 | DATADICK,V202201,54511,YISMO00,N01,OB,<br>20220702080000,ISMOSEQ3,SDRAA,SSRAA,SGRAA,<br>SRRAA,LSRAA,LERAA,UVRAA,UVRAB,ACRAA,<br>NERAA,UVRAD,SDRAA_mmmin,SSRAA_mmmin,<br>SGRAA_mmmin,SRRAA_mmmin,LSRAA_mmmin,<br>LERAA_mmmin,UVRAA_mmmin,UVRAB_mmmin,<br>ACRAA_mmmin,NERAA_mmmin,UVRAD_mmmin,<br>SDRAA_mmmax,SSRAA_mmmax,SGRAA_mmmax,<br>SRRAA_mmmax,LSRAA_mmmax,LERAA_mmmax,<br>UVRAA_mmmax,UVRAB_mmmax,ACRAA_mmmax,<br>NERAA_mmmax,UVRAD_mmmax,SDRAA_mmstd,<br>SSRAA_mmstd,SGRAA_mmstd,SRRAA_mmstd,LSRAA_<br>mmstd,LERAA_mmstd,UVRAA_mmstd,UVRAB_mmstd,<br>ACRAA_mmstd,NERAA_mmstd,UVRAD_mmstd,z,0,<br>3248,ED | 国内地面气象辐射小时观<br>测数据 BUFR 中要素 |

续表

| 编码 | 内容 | 说明 |
|---|---|---|
| ISMOSEQ4 | DATADICK,V202201,54511,YISMO00,N01,OB,20220702080000,ISMOSEQ4,SDRAA,SSRAA,SGRAA,SRRAA,LSRAA,LERAA,UVRAA,UVRAB,ACRAA,NERAA,UVRAD,SDRAB,SSRAB,SGRAB,SRRAB,LSRAB,LERAB,UVRAE,UVRAF,ACRAB,NERAB,UVRAH,LSRAA_hhmin,LSRAA_hhmint,LERAA_hhmin,LERAA_hhmint,NERAA_hhmin,NERAA_hhmint,SDRAA_hhmax,SDRAA_hhmaxt,SSRAA_hhmax,SSRAA_hhmaxt,SGRAA_hhmax,SGRAA_hhmaxt,SRRAA_hhmax,SRRAA_hhmaxt,LSRAA_hhmax,LSRAA_hhmaxt,LERAA_hhmax,LERAA_hhmaxt,UVRAA_hhmax,UVRAA_hhmaxt,UVRAB_hhmax,UVRAB_hhmaxt,ACRAA_hhmax,ACRAA_hhmaxt,NERAA_hhmax,NERAA_hhmaxt,UVRAD_hhmax,UVRAD_hhmaxt,z,0,3811,ED | 国内气象辐射小时观测数据 BUFR 中要素 |

## 3.3　观测要素值

观测要素值是与观测要素编码对应的由测量仪或智能集成处理器输出的气象观测要素值。观测要素值均以原值传输,各数据要求保留的小数位详见本章 3.2 节内容。

## 3.4　观测要素质控码

观测数据质量控制后需结合检查结果标注相应的质量控制码(简称"质控码"),质控码及其含义见表 3.63。

表 3.63　质量控制码表

| 质控码 | 含义 |
|---|---|
| 0 | 正确 |
| 1 | 可疑 |
| 2 | 错误 |
| 3 | 预留 |
| 4 | 订正数据 |
| 5 | 预留 |
| 6 | 预留 |
| 7 | 无观测任务 |
| 8 | 缺测 |
| 9 | 未做质量控制 |

数据质控结果为"错误"时,错误数据仍输出,质控码为"2",但错误数据不参加后续计算或统计。观测要素质控码与观测值以半角逗号分隔,每个观测要素值后紧跟要素值的质控码。

## 3.5 设备自检标识及设备自检码

设备自检标识和设备自检码是观测数据特有的,是对设备各个部件的各种工作状态整体判断的结果,对应状态数据 z 的状态码。用户可综合数据质控码和设备状态码对观测数据进行取舍和应用。地面观测设备自检码及其含义详见第 4 章 4.1 节。

## 3.6 观测数据帧示例

表 3.64 观测数据帧示例

示例 1:

< \$ DATADICK,V202201,54511,YTEMP00,N01,OB,20221201080500,TEMPA,20.1,0,TEMPA_mmstd,0.0100,0,z,0,5512,ED↙>

说明:使用要素编码方式。

示例 2:

< \$ DATADICK,V202201,54511,YTEMP00,N01,OB,20221201080500,TEMPSEQ1,20.1,0,0.0100,0,z,0,4676,ED↙>

说明:使用序列编码方式

气温数据示例

< \$ DATADICK,V202201,54511,YTEMP00,N01,OB,20221201080500,TEMPSEQ1,20.1,0,0.0100,0,z,0,4676,ED↙>

地温数据示例

< \$ DATADICK,V202201,54511,YSTEM00,N01,OB,20221201080500,STEMSEQ1,25.1,0,20.1,0,19.5,0,19.2,0,18.9,0,18.4,0,17.1,0,16.4,0,15.7,0,14.2,0,z,0,7299,ED↙>

气压数据示例

< \$ DATADICK,V202201,54511,YPRES00,N01,OB,20221201080500,PRESSEQ1,999.8,0,0.0015,0,z,0,4759,ED↙>

湿度数据示例

＜＄DATADICK,V202201,54511,YHUMI00,N01,OB,20221201080500,HUMISEQ1,80,0,0.1000,0,z,0,4571,ED
↙＞

风数据示例

＜＄DATADICK,V202201,54511,YWIND00,N01,OB,20221201080500,WINDSEQ1,10.2,0,330,0,10.5,0,320,0,9.
2,0,310,0,8.0,0,310,0,15.5,0,280,0,z,0,6908,ED↙＞

降水数据示例

＜＄DATADICK,V202201,54511,YPREC00,N01,OB,20221201080500,PRECSEQ1,2.0,0,12.1,0,z,0,4499,ED
↙＞

蒸发数据示例

＜＄DATADICK,V202201,54511,YEVAP00,N01,OB,20221201080500,EVAPSEQ1,56.8,0,0.1,0,z,0,4518,ED
↙＞

日照数据示例

＜＄DATADICK,V202201,54511,YSUND00,N01,OB,20220702080500,SUNDSEQ1,1,0,10.0,0,z,0,4439,ED↙＞

云数据示例

＜＄DATADICK,V202201,54511,YCLOD00,N01,OB,20221201080500,CLODSEQ1,3000,0,38,0,01,0,99,0,99,0,
42,0,37,0,z,0,5661,ED↙＞

能见度数据示例

＜＄DATADICK,V202201,54511,YVISI00,N01,OB,20221201153000,VISISEQ1,8056,0,7802,0,z,0,4612,ED↙＞

天气现象数据示例

＜＄DATADICK,V202201,54511,YRDSD01,N01,OB,20221201080500,RDSDSEQ1,60,9,67:2,98:1,100:1,195:2,
263:1,291:1,294:1,324:1,355:2,356:2,357:1,358:1,387:4,388:1,389:2,393:1,419:1,420:4,423:1,451:4,452:1,
483:4,484:2,515:1,516:2,548:1,9,z,0,2532,ED↙＞

视程障碍天气现象示例

＜＄DATADICK,V202201,54511,YPMPM00,N01,OB,20220702080500,PMPMSEQ1,42,0,246.2,0,305.2,0,650.2,
0,z,0,5324,ED↙＞

续表

积雪数据示例

＜＄DATADICK,V202201,54511,YSNOW00,N01,OB,20221201080500,SNOWSEQ1,14.7,0,z,0,4286,ED↙＞

冻土数据示例

＜＄DATADICK,V202201,54511,YFROS00,N01,OB,20220702080500,FROSSEQ1,5:12:17:21:30:60:65:70:105:200:205:300:305:345:365:370,0,z,0,6913,ED↙＞

＜＄DATADICK,V202201,54511,YFROS00,N01,OB,20220702080500,FROSSEQ1,5:12:17:21,0,z,0,4592,ED↙＞

土壤水分数据示例

＜＄DATADICK,V202201,54511,YSMOI00,N01,OB,20221201153000,SMOISEQ1,25.4,0,25.8,0,27.3,0,28.5,0,32.4,0,33.5,0,34.2,0,35.7,0,z,0,6619,ED↙＞

光合有效辐射数据示例

＜＄DATADICK,V202201,54511,YACRA00,N01,OB,20221201080500,ACRASEQ1,4000,0,7.2,0,3900,0,4100,0,100.0000,0,20221201081200,0,z,0,6492,ED↙＞

长波辐射数据示例

＜＄DATADICK,V202201,54511,YLSRA00,N01,OB,20221201080500,LSRAA,400,0,LSRAB,0.72,0,LSRAA_mmmin,390,0,LSRAA_mmmax,410,0,LSRAA_mmstd,10.0000,0,TIMEC,20221201081200,0,z,0,0180,ED↙＞

直接辐射数据示例

＜＄DATADICK,V202201,54511,YSDRA00,N01,OB,20221201080500,SDRASEQ1,400,0,0.72,0,390,0,410,0,10.0000,0,20221201081200,0,z,0,6386,ED↙＞

紫外辐射数据示例

＜＄DATADICK,V202201,54511,YUVRAD0,N01,OB,20221201080500,UVRASEQ4,40.00,0,0.072,0,39.00,0,41.00,0,1.0000,0,20221201081200,0,z,0,6731,ED↙＞

总辐射数据示例

＜＄DATADICK,V202201,54511,YSGRA00,N01,OB,20221201080500,SGRASEQ1,400,0,0.72,0,390,0,410,0,10.0000,0,20221201081200,0,z,0,6392,ED↙＞

雷暴数据示例

＜＄DATADICK,V202201,54511,THUD00,N01,OB,20230407154100,THUDA,1541:3:5:12.5,0,THUDB,64:10:90,0,THUDC,212.5:12.5:3.0:22.5:22.7:5.0,0,z,0,7390,ED↙＞

注：数据帧示例用"＜ ＞"括起来，但"＜ ＞"字符在真实数据帧中并不存在。

第 4 章

**状态数据主体**

　　状态数据主体是与测量设备和传输性能有关的数据,与观测数据和元数据相互独立,内容包括测量仪工作状态、供电类状态、工作环境状态、通信状态等,用于观测系统的状态监控和预警。

　　状态数据主体包含 2 个信息单元,分别是状态要素编码以及状态要素码对应的状态值或状态码,各部分说明如表 4.1 所示。

表 4.1　状态数据主体组成及特点

| 状态要素编码 | 状态信息 | |
| --- | --- | --- |
| | 状态值 | 状态码 |
| 包括状态类别段、状态内容段和相应的观测类别段 | 原值存储、传输 | 详见本章 4.1 |

# 4.1　状态要素编码

　　状态要素编码由代表状态类别的倒序小写字母和代表状态内容的顺序大写字母组成。

　　状态类别是指设备共用的状态,如供电、加热、通风、通信等,从 z 开始倒序编码,设备特有的一些状态如蒸发水位、CF 卡容量、称重降水承水桶容量等用 a 表示,详见表 4.2。

表 4.2　状态类别小写字母含义表

| 小写字母 | 含义 | 小写字母 | 含义 |
| --- | --- | --- | --- |
| z | 设备自检状态 | t | 通信类状态 |
| y | 测量仪工作状态 | s | 污染类状态 |
| x | 供电类状态 | r | 采样数据状态 |
| w | 工作温度类状态 | q | 分钟数据状态 |
| v | 加热部件类状态 | a | 其他工作状态 |
| u | 通风部件类状态 | | |

　　同一状态类别下的状态内容由大写字母从 A 顺序表示,详见本章 4.1.1～4.1.11 节。

　　状态要素值包括状态值和状态码两种,一般情况,地面观测设备状态码及其含义详见表 4.3,详细状态码及其含义见表 4.4～表 4.14。

表 4.3　设备状态码表

| 状态码 | 含义 | 状态码 | 含义 |
| --- | --- | --- | --- |
| 0 | "正常":正常工作 | 6 | "超下限":状态值超测量范围下限 |
| 1 | 异常 | 7 | 预留 |
| 2 | "故障":无状态值 | 8 | 预留 |
| 3 | "偏高":状态值偏高 | 9 | "没有检查":无法判断当前工作状态 |
| 4 | "偏低":状态值偏低 | N | "测量仪关闭或者没有配置" |
| 5 | "超上限":状态值超测量范围上限 | | |

状态要素编码包括以下类别：

## 4.1.1　设备自检状态编码(z)

设备自检状态是对与设备工作有关的供电、温度、加热、通风、通信、污染等各类状态的综合，设备自检状态用 z 表示。只有所有状态都正常，自检状态码才输出正常。

表 4.4　设备自检状态编码

| 设备状态编码 | 设备状态名称 | 说明 |
|---|---|---|
| z | 设备整体状态 | 取值详见表 4.3，设备状态码表 |

## 4.1.2　测量仪工作状态编码(y)

测量仪工作状态主要表明设备的使用状况，包括正常业务使用、维护、停用或备份等状态，用 y 表示。

表 4.5　测量仪工作状态编码

| 设备状态编码 | 设备状态名称 | 说明 |
|---|---|---|
| y | 测量仪总工作状态 | 取值详见表 4.3，设备状态码表。yB 为 ON，yA 不为 maintain 时，y 才输出 0(正常) |
| yA | 测量仪测量部分自检状态 | |
| yB | 测量仪辅助设施(如跟踪器、遮阳板等)自检状态 | 取值详见表 4.3，设备状态码表 |
| yC | 翻斗式雨量工作状态检测 | 0-正常或 2-堵塞 |
| yD | 雨量筒筒口堵塞监测 | 0-正常、1-异常或 2-堵塞 |
| yE | 雨量筒上翻斗状态监测 | 0-正常、1-异常或 2-堵塞 |
| yF | 计数翻斗状态监测 | 0-正常、1-异常或 2-堵塞 |
| yG | 泵状态 | 0-正常、2-故障 |
| yH | 颗粒物数谱测量仪状态 | 0-正常、1-异常 |
| yI | 鱼眼摄像机工作状态 | 0-正常、1-可以连接但无法拍照、2-故障无法连接 |
| yJ | 普通摄像机 1 工作状态 | 0-正常、1-可以连接但无法拍照、2-故障无法连接 |
| yK | 普通摄像机 2 工作状态 | 0-正常、1-可以连接但无法拍照、2-故障无法连接 |

## 4.1.3　供电类状态编码(x)

供电类状态用 x 表示，根据其不同内容编码定义如表 4.6：

表 4.6　供电类状态编码表

| 设备状态编码 | 设备状态名称 | 说明 |
|---|---|---|
| x | 供电部分自检状态 | 取值详见表 4.3，设备状态码表 |
| xA | 供电类型 | "AC"表示交流供电<br>"DC"表示直流供电 |

| 设备状态编码 | 设备状态名称 | 说明 |
|---|---|---|
| xB | 外接电源电压 | 外接电源电压值,单位为伏(V),取 1 位小数,原值存储。其波动对设备性能有影响 |
| xC | 蓄电池电压 | 当前蓄电池电压值,单位为伏(V),取 1 位小数,原值存储。 |
| xD | 设备供电电压 | 供给设备的工作电压值,单位为伏(V),取 1 位小数,原值存储 |
| xE | 主板电压 | 当前主板电压值,单位为伏(V),取 1 位小数,原值存储 |
| xEA | 主板电压状态 | 0-正常、3-偏高、4-偏低 |
| xF | 工作电流 | 当前工作电流,单位为毫安(mA),取整数 |
| xFA | 工作电流状态 | 0-正常、3-偏高、4-偏低 |
| xG | 蓄电池健康状态 | 电池寿命状况的体现(1～100 数字表示,100 表示健康状态最好) |

## 4.1.4　工作温度类状态编码(w)

工作温度类用 w 表示,根据其不同内容编码定义如表 4.7:

### 表 4.7　工作温度类状态编码表

| 设备状态编码 | 设备状态名称 | 说明 |
|---|---|---|
| w | 温度部分自检状态 | 取值详见表 4.3,设备状态码表 |
| wA | 设备/主采主板温度 | 单位为摄氏度(℃),取 1 位小数,原值存储。 |
| wAA | 内部电路温度状态 | 0-正常、3-偏高或 4-偏低 |
| wB | 探测器温度 | 单位为摄氏度(℃),取 1 位小数,原值存储。 |
| wC | 腔体温度 | 辐射观测设备输出该值。单位为摄氏度(℃),取 1 位小数,原值存储。 |
| wD | 恒温器温度 | 单位为摄氏度(℃),取 1 位小数,原值存储。 |
| wE | 机箱温度 | 单位为摄氏度(℃),取 1 位小数,原值存储。 |

## 4.1.5　加热部件类状态编码(v)

### 表 4.8　加热部件类状态编码表

| 设备状态编码 | 设备状态名称 | 取值范围 |
|---|---|---|
| v | 加热部件自检状态 | 取值详见表 4.3,设备状态码表 |
| vA | 设备加热 | "ON"加热开启;<br>"OFF"未加热;<br>"0"正常<br>"1"加热异常;<br>"N"没有加热 |
| vB | 发射器加热状态 | "ON"加热开启;<br>"OFF"未加热;<br>"0"正常<br>"1"加热异常 |

| 设备状态编码 | 设备状态名称 | 取值范围 |
|---|---|---|
| vC | 接收器加热状态 | "ON"加热开启；<br>"OFF"未加热；<br>"0"正常<br>"1"加热异常 |
| vD | 相机加热状态 | "ON"加热开启；<br>"OFF"未加热；<br>"0"正常<br>"1"加热异常 |
| vE | 鱼眼摄像机加热状态 | "ON"加热开启；<br>"OFF"未加热；<br>"0"正常；<br>"1"加热异常；<br>"2"故障；<br>"3"加热温度偏高；<br>"4"加热温度偏低；<br>"5"加热停止 |
| vF | 普通摄像机1加热状态 | "ON"加热开启；<br>"OFF"未加热；<br>"0"正常；<br>"1"加热异常；<br>"2"故障；<br>"3"加热温度偏高；<br>"4"加热温度偏低；<br>"5"加热停止 |
| vG | 普通摄像机2加热状态 | "ON"加热开启；<br>"OFF"未加热；<br>"0"正常；<br>"1"加热异常；<br>"2"故障；<br>"3"加热温度偏高；<br>"4"加热温度偏低；<br>"5"加热停止 |

## 4.1.6　通风部件类状态编码(u)

表4.9　通风部件类状态编码表

| 设备状态编码 | 设备状态名称 | 取值范围 |
|---|---|---|
| u | 通风部件类自检状态 | 取值详见表4.3,设备状态码表 |
| uA | 设备通风 | 取值详见表4.3,设备状态码表 |
| uB | 发射器通风状态 | 取值详见表4.3,设备状态码表 |
| uC | 接收器通风状态 | 取值详见表4.3,设备状态码表 |

| 设备状态编码 | 设备状态名称 | 取值范围 |
|---|---|---|
| uD | 通风罩通风速度 | 强制通风温度观测、辐射观测设备输出该要素。单位为米每秒(m/s),取1位小数,原值存储 |
| uDA | 通风罩通风状态 | 0-正常、1-异常、2-故障 |
| uE | 通风罩转速 | 单位为转每分钟(r/min),取整数 |
| uEA | 通风罩转速状态 | 0-正常、2-故障、3-偏高、4-偏低 |

## 4.1.7　通信类状态编码(t)

表4.10　通信类状态编码表

| 设备状态编码 | 设备状态名称 | 取值范围 |
|---|---|---|
| t | 通信部件自检状态 | 0-正常、1-故障、2-未起用 |
| tA | 独立设备或采集器到智能集成处理器(或PC端)的通信状态 | 0-正常、1-故障、2-未起用 |
| tB | 总线状态(采集器或其他智能测量仪的总线状态) | 0-正常、1-故障、2-未起用 |
| tC | RS232/485/422状态 | 0-正常、1-故障、2-未起用 |
| tD | RJ45/LAN通信状态 | 0-正常、1-故障、2-未起用 |
| tDA | 鱼眼摄像机RJ45/LAN通信状态 | 0-正常、1-故障、2-未起用 |
| tDB | 普通摄像机1RJ45/LAN通信状态 | 0-正常、1-故障、2-未起用 |
| tDC | 普通摄像机2RJ45/LAN通信状态 | 0-正常、1-故障、2-未起用 |
| tE | 卫星通信状态 | 0-正常、1-故障、2-未起用 |
| tF | 无线通信状态 | 0-正常、1-故障、2-未起用 |
| tFA | 无线信号强度 | 0-正常、1-故障、2-未起用 |
| tFB | 无线信号强度状态 | $0 \sim 4$<br>推荐分级标准:<br>0:RSSI$\leqslant -88$;<br>1:$(-88,-77]$;<br>2:$(-77,-66]$;<br>3:$(-66,-55]$;<br>4:RSSI$\geqslant -55$ |
| tFC | 无线连接状态 | 0-正常、7-物理链接断开、8-逻辑链路断开(针对TCP链接,当存在多条TCP链路,只要有一个链接断开即逻辑链路断开) |
| tG | 光纤通信状态 | 0-正常、1-故障、2-未起用 |

## 4.1.8 污染类状态编码(s)

表 4.11 污染类状态编码表

| 设备状态编码 | 设备状态名称 | 取值范围 |
|---|---|---|
| s | 设备污染自检 | 取值详见表 4.3,设备状态码表 |
| sA | 窗口污染情况 | "C":clean or still clean<br>"S":slightly polluted<br>"M":moderately polluted<br>"H":heavily polluted |
| sB | 探测器污染情况 | |
| sC | 相机镜头污染情况 | |
| sD | 鱼眼摄像机镜头污染情况 | |
| sE | 普通摄像机 1 镜头污染情况 | |
| sF | 普通摄像机 2 镜头污染情况 | |

## 4.1.9 采样数据状态编码(r)

表 4.12 采样数据状态编码

| 设备状态编码 | 名称 | 取值范围 |
|---|---|---|
| r | 采样数据状态自检 | 取值详见表 4.3,设备状态码表 |
| rA | 当前分钟采样值超上限次数 | 实际超上限采样值次数 |
| rB | 当前分钟采样值超下限次数 | 实际超下限采样值次数 |
| rC | 当前分钟采样值变化率超限次数 | 实际变化率超限次数 |

## 4.1.10 分钟数据状态编码(q)

表 4.13 分钟数据状态编码

| 设备状态编码 | 名称 | 取值范围 |
|---|---|---|
| q | 设备输出分钟数据状态自检 | 取值详见表 4.3,设备状态码表 |
| qA | 当前设备输出分钟数据超上限 | 1:超上限;<br>0:不超上限 |
| qB | 当前设备输出分钟数据超下限 | 1:超上限;<br>0:不超上限 |
| qC | 当前设备输出分钟数据变化率超错误变化率 | 1:超上限;<br>0:不超上限 |
| qD | 当前设备输出分钟数据变化率超存疑变化率 | 1:超上限;<br>0:不超上限 |
| qE | 当前设备输出分钟数据不满足小时最小变化率 | 1:不满足;<br>0:满足 |

## 4.1.11 特有状态(a)

表 4.14 其他工作状态编码表

| 设备状态编码 | 名称 | 适用设备 | 取值范围 |
|---|---|---|---|
| aCF | 存储卡状态 | | 0-正常、1-无卡、2-故障 |
| aLID | 盖状态 | 酸雨 | 0-正常、1-开启 |
| aCOUNT | 计数器状态 | | 0-正常、1-异常、2-故障 |
| aLEVEL | 水位状态 | 称重降水、蒸发 | 0-正常、3-偏高、4-偏低 |

# 4.2 状态数据帧示例

表 4.15 状态数据帧示例

示例:

< $ DATADICK,V202201,54511,YSUND00,N01,ST,20220702080500,z,0,y,0,yA,0,yB,0,yC,regular,yD,ON,x, 0,xA,DC,xB,220.1,xC,12.0,xD,11.9,xE,11.9,w,0,wA,15.2,wB,10.2,wC,10.2,wE,10.3,v,0,vA,OFF,u,0,t, 0,tA,0,tE,0,tF,0,s,0,sA,C,3202,ED↙>

第 5 章

元数据主体

元数据是描述气象观测要素、观测条件、观测方法和数据处理方式等信息数据的数据。元数据编码依据行业标准 *WIGOS Metadata Standard*（WMO-No.1192）制定。

依据 *WIGOS Metadata Standard*（WMO-No.1192），元数据由 10 个类别构成，详见表5.1。

表5.1　气象观测元数据类别

| 编码 | 类别中文名称 | 类别英文名称 | 说明 |
|------|------------|------------|------|
| A | 观测要素 | observationvariable | 观测要素及其基本特征 |
| B | 观测目的 | purpose of observation | 观测的主要应用领域及观测所属的观测网络计划 |
| C | 观测台站/平台 | station/platform | 开展气象观测的设施及场所,包括固定观测的台站和移动观测的平台 |
| D | 探测环境 | environment | 观测场地理条件及周边探测环境 |
| E | 仪器和观测方法 | instruments and methods of observation | 观测仪器的特性及其观测方法 |
| F | 数据采样 | sampling | 获取观测数据的采样方法 |
| G | 数据处理和报告 | data processing and reporting | 观测数据的处理和报告方式 |
| H | 数据质量 | data quality | 观测数据的质量控制和可溯源性 |
| I | 数据权限 | ownership and data policy | 观测数据使用权限及其管理机构 |
| J | 联系人 | contact | 提供气象观测元数据信息的联系单位、联系人及其联系方式 |

每一类元数据都包含若干元数据要素,元数据编码由元数据类别编码和元数据要素编码两部分组成。类别编码和要素编码都由从 A 顺序开始的英文大写字母表示,地面气象观测所涉及的元数据及其编码详见5.1节。

元数据主体包括元数据编码和元数据值两部分,元数据内容依据 *WIGOS Metadata Standard*（WMO-No.1192）制定,摘录其中与我国地面气象观测设备相关的内容。

元数据传输时,在测量仪上电通信连接建立后主动上传一次,同时支持智能集成处理器对元数据进行命令查询。

# 5.1　元数据编码

## 5.1.1　观测台站/平台(C)

表5.2　观测台站/平台要素信息

| 编码 | 中文名称 | 数据最大长度/字节 | 填写内容 |
|------|--------|----------------|---------|
| CD | 台站类型 | 2 | 依照《气象观测站分类及命名规则》(QX/T 485—2019)中表2通用站名表填写,台站类型分类如下:<br>00:大气本底站;01:气候观测台;02:基准气候站;03:基本气象站;<br>04:(常规)气象观测站;05:应用气象观测站;06:志愿气象观测站;<br>07:综合气象观测(科学)试验基地;08:综合气象观测专项试验外场 |

## 5.1.2 探测环境(D)

表5.3 探测环境要素信息

| 编码 | 中文名称 | 数据最大长度/字节 | 填写内容 |
|------|---------|----------------|---------|
| DC | 地形特征<br>(海拔高度) | 6 | 观测台站/平台所处位置的海拔高度。<br>单位为米(m),精度为0.1,原值存储,如:海拔高度−17.5米,记为−17.5 |

## 5.1.3 仪器和观测方法(E)

表5.4 仪器和观测方法要素信息

| 编码 | 中文名称 | 数据最大长度/字节 | 填写内容 |
|------|---------|----------------|---------|
| EB | 观测方法 | 40 | 嵌入式程序版本号 |
| EC | 硬件版本 | 20 | 硬件版本号 |
| EE | 仪器海拔高度 | 6 | 仪器所在位置的海拔高度。<br>单位为米(m)精度为0.1,原值存储,如:海拔高度123.4米,记为123.4 |
| EG | 仪器检定/校准计划 | 2 | 业务要求的检定周期,以月为单位 |
| EH | 仪器检定/校准内容 | 600 | 校准/检定/核查标识符(1为校准标识符,2为检定标识符,3为核查标识符),校准/检定/核查时间,校准/检定/核查有效期限,校准/检定/核查证书编号 |
| EI | 序列号和设备<br>物理编码 | 71 | 序列号,设备物理编码 |
| EL | 仪器地理位置<br>(经纬度) | 15 | 观测仪器的地理空间位置,经纬度。示例:东经116°34′18″,北纬40°16′33″记做:1163418E401633N |
| EM | 维修活动 | 100 | 维修开始时间,维修结束时间,维修内容简述。<br>注:只保留最近一次维修 |

## 5.1.4 数据采样(F)

表5.5 数据采样要素信息

| 编码 | 中文名称 | 数据最大长度/字节 | 填写内容 |
|------|---------|----------------|---------|
| FA | 采样算法 | 10 | 算法编号 |
| FF | 采样时间间隔 | 20 | 设备数量,设备1标识,设备1采样间隔,设备1采样单位,设备2标识,设备2采样间隔,设备2采样单位 |
| FG | 观测日界 | 1 | 1:北京时20时;<br>2:地方时24时;<br>3:北京时08时 |

## 5.1.5 数据质量(H)

表 5.6 数据质量要素信息

| 编码 | 中文名称 | 数据最大长度/字节 | 填写内容 |
|------|----------|------------------|----------|
| HA | 测量不确定度 | 10 | 测量不确定度 |
| HB | 不确定度评估方法 | 10 | |
| HC | 质量标识体系 | 20 | 所引用的标准编号 |
| HD | 质量标识 | 10 | |
| HE | 计量溯源性 | 10 | |

## 5.2 元数据帧示例

表 5.7 元数据帧示例

| 名称 | 示例 |
|------|------|
| 元数据帧 | ＜＄DATADICK，V202201，54511，YTEMP00，N01，ME，20240901080500，CD，02，DC，17.5，EB，sv1.0.1，EC，hv1.0.1，EE，19.0，EG，24，EH，2，20240328，24，GQJ-001212，EI，G1121000469401509002024032800001067，69401509000033393438063637344C473D32，EL，1163418E401633N，EM，/，/，/，FA，AWS21V01，FF，1，1，2，s，FG，1，4441，ED↙＞ |

第 6 章

# 命令帧

命令帧是智能集成处理器与智能测量仪之间的数据交互,实现参数传递、设置和功能控制。命令帧由命令帧头、命令主体、命令帧尾组成。

# 6.1　命令帧头

命令帧头表明一个独立的命令帧开始,用"＄"或"＃"表示。

"＃"表明该帧信息由上位机下达至下位机,如由智能集成处理器下达命令至智能测量仪,或由云端服务器下达命令至智能集成处理器。

"＄"表明该帧信息由下位机上传至上位机,如智能测量仪返回控制响应值至智能集成处理器。

# 6.2　命令主体

命令主体由命令符和相应参数组成,命令符由若干英文字母组成,参数由一个或多个组成,命令符与参数、参数与参数之间用 1 个半角逗号分隔;单个参数内部如需分隔则使用半角冒号。命令主体内容见表 6.1 所示:

表 6.1　命令主体内容简介

| 数据主体 | 内容 | 组成 | 传输频次 |
|---|---|---|---|
| 命令数据主体 | 根据需要不定时传输的命令及回应 | 命令符<br>参数<br>返回值 | 命令交互时 |

当前地面气象观测命令如表 6.2 所示:

表 6.2　命令列表

| 命令 | 功能 |
|---|---|
| AUTOCHECK | 设备自检 |
| PRINTIDENTY | 读取设备身份信息 |
| STLAT | 设置或读取气象观测站的纬度 |
| STLON | 设置或读取气象观测站的经度 |
| STDC | 设置或读取观测台站/平台海拔高度 |
| STEE | 设置或读取设备海拔高度 |
| PRINTPARAM | 读取设备工作参数值 |
| PRINTVER | 读取设备软硬件版本号 |
| STEM | 设置或读取维修记录 |
| STCD | 设置或读取台站类型 |
| LS | 读取命令集 |

续表

| 命令 | 功能 |
|------|------|
| PRINTST | 读取设备状态数据 |
| PRINTME | 读取元数据 |
| PRINTOB | 读取观测数据 |
| FWUPDATE | 固件升级 |
| NID | 设置或读取设备编号 |
| DATETIME | 设置或读取设备日期与时间 |
| PRINTSN | 读取设备序列号 |
| STNID | 设置或读取区站号 |
| STNIDFLAG | 设置或读取命令返回值中是否有区站号 |
| RESET | 重启设备 |
| STEH | 设置或读取设备的校准、检定信息 |
| INTERVAL | 设置或读取设备主动发送模式时间间隔 |
| OBFORMAT | 设置或读取默认观测数据格式 |
| PRINTSAMPLE | 查看分钟内采样数据 |
| SEQUENCE | 设置或读取观测数据的自定义序列 |
| FRS | 设置主动发送未收到回执后的重发参数 |
| QCPS | 设置或读取采样值质量控制参数 |
| QCPM | 设置或读取瞬时值质量控制参数 |
| WIFISSID | 设置或读取 WIFI 的 SSID 信息 |
| WIFILOCALIP | 设置或读取本机的 IP 信息 |
| WIFISERVERIP | 设置或读取服务器的 IP 信息 |
| LOGIN | 注册包 |
| LOGINACK | 注册确认包 |
| LOGINRECV | 注册应答包 |
| POWRCTRL | 设置或读取智能电源开关状态 |
| POWRVV | 设置或读取电源输出正常电压范围 |
| POWRII | 设置或查询电源输出电流阈值 |
| POWRSET | 设置和读取预留口设备编号 |

命令使用中有以下约定原则：

（1）对于设置命令，成功时返回＜＄命令符，设备类型编码，设备编号，T✓＞，失败时返回 ＜＄命令符，设备类型编码，设备编号，F（，错误提示字符串）✓＞；对于读取命令，成功时返回 相应的命令参数，失败时返回信息＜＄命令符，设备类型编码，设备编号，F（，错误提示字符 串）✓＞。其中错误提示字符串为可选项，由用户自定义，其长度最大为 64 个半角字符，且不 能包含＃、＄、逗号、冒号、回车换行等数据字典关键字符。

（2）命令非法时，返回出错提示信息＜＄BADCOMMAND，设备类型编码，设备编号✓＞；命 令正确其他错误时，返回出错提示信息＜＄命令符，设备类型编码，设备编号，F✓＞。

（3）各命令返回值不包含区站号信息，但为满足不同应用场景需求，用 STNIDFLAG 来控制各命令返回值是否增加区站号。若设置增加，则所有命令均需在返回值中增加本站区站号信息。注意，当测量仪输出对象为智能集成处理器时，约定命令返回值不包含区站号信息。

（4）命令使用时，若无特殊说明用 yyyymmddhhmmss 表示时间（年月日时分秒）。

## 6.3　命令帧尾

命令帧尾表明命令帧的结束，用回车/换行符标识。

# 参考文献

全国气象基本信息标准化技术委员会,2018.地面气象观测数据格式 BUFR 编码:QX/T 427—2018[S].北京:中国气象局.

全国气象仪器与观测方法标准化技术委员会,2019.气象仪器术语:GB/T 37467—2019[S].北京:国家市场监督管理局,国家标准化管理委员会.

全国气象仪器与观测方法标准化技术委员会,2021.气象观测装备编码规则:GB/T 40215—2021[S].北京:国家市场监督管理局,国家标准化管理委员会.

全国气象仪器与观测方法标准化技术委员会,2021.气象仪器型号与命名方法:GB/T 40308—2021[S].北京:国家市场监督管理局,国家标准化管理委员会.

中国气象局,2021.气象观测元数据:QX/T 627—2021[S].北京:气象出版社.

中国气象局,2019. 气象观测站分类及命名规则:QX/T 485—2019[S]. 北京:气象出版社 .

中国气象局气象探测中心,2020.地面气象观测数据对象字典[M].北京:气象出版社.

NOAA,NCAR,2011.BUFR/PrepBUFR User's Guide[Z].

WMO,2018. Guide to Instruments and Methods of Observation[Z].

WMO,2019. WIGOS Metadata Standard(WMO-No. 1192)[Z].

WMO,2020. Manual on Codes International Codes Volume I. 2(WMO-No. 306)[Z].

WMO,2023.气象仪器与观测方法指南(WMO-NO. 8)[Z].